装备交互式电子技术手册技术及应用丛书

可扩展标记语言(XML)在装备IETM中的应用

主　编　徐宗昌
副主编　周　健

国防工业出版社
·北京·

内 容 简 介

交互式电子技术手册(IETM)是一种按照标准的数字格式编制,采用文字、图形、表格、音频和视频等形式,以人机交互方式提供装备基本原理、使用操作和维修等内容的技术出版物,是普遍适用于军事装备与民用装备的一项装备保障信息化新技术、新方法和新手段。

本书是"装备交互式电子技术手册技术及应用丛书"的第五分册,全书共分为5章和两个附录,依据ASD/AIA/ATA S1000D《基于公共源数据库的技术出版物国际规范(4.1版)》,全面地诠释了当前可扩展标记语言(XML)在IETM中的应用。本书为帮助IETM创作人员掌握并使用XML语言,在系统介绍XML发展、概念、基本语法的基础上,详细阐述了XML在IETM中的应用,包括DTD和Schema、XSL、CSS等内容,并通过IETM制作案例,给出了相关XML编程的源程序实例。

本书可作为军事部门与国防工业部门,以及民用装备企业从事装备IETM研究、应用的工程技术人员与管理人员指导工作的参考书;也可以作为高等院校相关专业的教师、研究生、本科生使用的教材或参考书。

图书在版编目(CIP)数据

可扩展标记语言(XML)在装备IETM中的应用/徐宗昌主编.—北京:国防工业出版社,2014.9

ISBN 978-7-118-09855-6

Ⅰ.①可... Ⅱ.①徐... Ⅲ.①可扩充语言—程序设计—应用-武器装备-电子技术 Ⅳ.①TJ-39

中国版本图书馆CIP数据核字(2014)第305942号

※

国防工業出版社出版发行

(北京市海淀区紫竹院南路23号 邮政编码100048)

北京嘉恒彩色印刷有限责任公司印刷

新华书店经售

*

开本 710×960 1/16 **印张** $17\frac{3}{4}$ **字数** 308千字

2014年9月第1版第1次印刷 **印数** 1—4000册 **定价** 45.00元

国防书店:(010)88540777 发行邮购:(010)88540776

发行传真:(010)88540755 发行业务:(010)88540717

“装备交互式电子技术手册技术及应用丛书”编委会

《可扩展标记语言（XML）在装备 IETM 中的应用》编写组

主　　编　徐宗昌

副 主 编　周　健

编写人员　徐宗昌　周　健　张文俊　雷育生
黄书峰　曹冒君　呼凯凯　武元元

序　一

当前，我们正面临一场迄今为止人类历史上最深刻、最广泛的新军事变革——信息化时代的军事体系变革。在这场新军事变革中，以信息技术为核心的高新技术飞速发展推动武器装备向数字化、智能化、精确化与一体化发展，促使传统的机械化战争向信息化战争迅速转变。信息化战争条件下，高技术装备特别是信息化装备必将成为战场的主要力量，战争和装备的复杂性使装备保障任务加重、难度增大，精确、敏捷、高效的装备保障成为提高战斗力的倍增器，是发挥装备作战效能，乃至成为影响战争胜负的关键因素。因此，如何采用最新的技术、方法与手段提高装备保障能力，成为当前世界各国军事部门和军工企业普遍关注的问题。

交互式电子技术手册（Interactive Electronic Technical Manual，IETM）是在科学技术发展的推动和信息化战争军事需求的牵引下产生与发展起来的一项重要的装备保障信息化新技术、新方法和新手段。国内外装备保障实践已经充分证明，应用 IETM 能够极大提高装备维修保障、装备人员训练和用户技术资料管理的效率与效益。因此，我军大力发展与应用 IETM，对于推进有中国特色的新军事变革，提高部队基于信息系统体系的作战能力与保障能力，实现建设信息化军队、打赢信息化战争的战略目标，具有十分重要的意义。

徐宗昌教授，是国内装备综合保障领域的知名专家，也是我在学术上非常赏识的一位挚友，长期潜心于装备保障性工程和持续采办与寿命周期保障（CALS）教学与研究工作，具有很深的学术造诣和丰富的实践经验。为满足全军 IETM 推广应用工作的需要，已年过七旬的徐宗昌教授亲自带领与组织装甲兵工程学院和海军航空工程学院青岛分院的一批年轻专业人员，经过多年的共同研究、艰苦努力，编写了这套“装备交互式电子技术手册技术及应用丛书”。徐宗昌教授及其团队的这种学术精神深深感染了我，正所谓“宝剑锋自磨砺出，梅花香自苦寒来”！本套丛书科学借鉴了国外先进理念与技术，系统总结了我国装备 IETM 发展应用的研究成果与实践经验，理论论述系统深入、工程与管理实践基础扎实、重难点问题解决方案明晰、体系结构合理、内容丰富、可读性好、实用性强。本套丛书作为国内第一套关于 IETM 的系列化理论专著，极大地丰富和完善了装备保障信息化理论体系，在 IETM 工程应用领域具有重要的理论先导作用，必将为促进我国 IETM 的推广应用、提高我军装备保障信息化水平做出新的重要贡献。

鉴于此，为徐宗昌教授严谨细致的学术精神欣然作序，为装备保障信息化的新发展、新成果欣然作序，更为我军信息化建设的方兴未艾欣然作序，衷心祝愿 IETM 这朵装备保障信息化花园之奇葩，璀璨开放，愈开愈绚丽多姿！

中国工程院院士 徐滨士

2011 年 5 月

序　二

20 世纪 70 年代以来,随着现代信息技术的迅猛发展,在世界范围内掀起了一场信息化浪潮,引发了一场空前的产业革命与社会变革,使人类摆脱了长期以来对信息资源开发利用的迟缓、分散的传统方式,以数字化、自动化、网络化、集成化方式驱动着世界经济与社会的飞速发展,人类社会进入了信息时代。同时,信息技术在军事领域的广泛应用引发了世界新军事变革,并逐渐形成了以信息为主导的战争形态——信息化战争。在这场新军事变革的发展过程中,美国国防部于 1985 年 9 月率先推行以技术资料无纸化为切入点和以建立装备采办与寿命周期保障的集成数据环境为目标的“持续采办与寿命周期保障”(CALS)战略。CALS 战略作为一项信息化基础工程,不仅对世界各国武器装备全寿命信息管理产生了深远的影响,而且引领全球以电子商务为中心的各产业的信息化革命。

交互式电子技术手册(IETM)与综合武器系统数据库、承包商集成技术信息服务等技术一起是 CALS 的一项重要支撑技术,它是 1989 年美国成立三军 IETM 工作组后迅速发展起来的一项数字化关键技术。由于 IETM 不仅在克服传统纸质技术资料费用高、体积与重量大、编制出版周期长、更新及时性差、使用不方便、易污染、防火性差及容易产生冗余数据等诸多弊端,而且在提高装备使用、维修和人员训练的效率与效益方面所表现出巨大的优越性,而受到世界信息产业和各国军事部门的青睐。目前,IETM 已在许多国家军队的武器装备和民用飞机、船舶、专用车辆等大型复杂民用装备上得到了广泛的应用,并取得了巨大的经济、社会与军事效益。

徐宗昌教授自 20 世纪 90 年代以来就开始了 CALS 的研究并积极倡导在我国推行 CALS 工作。近年来,他主编了 IETM 系列国家标准,并致力于我国 IETM 的推广应用工作。这次编著本“装备交互式电子技术手册技术及应用丛书”是他与他的研究团队长期从事 CALS 和 IETM 研究的成果和实践经验的总结。本“丛书”系统地论述了 IETM 的理论、方法与技术,其结构严谨、思路新颖、内容翔实、实用好，是一套具有很高的学术价值与应用价值并有重大创新的学术专著。我相信这套“丛书”的出版一定会受到我国从事 IETM 研制、研究的广大工程技术人员和学生们的热烈欢迎。这套“丛书”的出版，对于我国 IETM 的发展起到重要推动作用，对于推进我国、我军的信息化建设，特别是提高我军信息化条件下的战斗力具有十分重要的意义。

中国工程院院士 张尧学

2011 年 5 月

序　三

交互式电子技术手册(Interactive Electronic Technical Manual,IETM)是20世纪80年代后期,在现代信息技术发展的推动与信息化战争的军事需求牵引下产生与发展起来的一项重要的装备保障信息化的新技术。IETM是一种按标准的数字格式编制,采用文字、图形、表格、音频和视频等形式,以人机交互方式提供装备基本原理、使用操作和维修等内容的技术出版物。由于它成功地克服了传统纸质技术手册所存在诸多弊端和显著地提高了装备维修、人员训练及技术资料管理的效益与效率,而受到世界各国军事部门的高度重视与密切关注,并且得到了极其广泛的应用。

近年来,为了提高部队基于信息系统体系的作战能力与保障能力,做好打赢未来信息化战争的准备,我军各总部机关、各军兵种装备部门和各国防工业部门非常重视IETM的研究与应用,我军的不少类型的装备已开始研制IETM并投入使用,一个发展应用IETM的热潮止在我国掀起。为满足我国研究发展IETM和人才培养的需要,我们编写了这套"装备交互式电子技术手册技术及应用丛书"。为了坚持引进、消化、吸收再创新的技术路线,我国以引进欧洲ASD/AIA/ATA S1000D"基于公共源数据库的技术出版物国际规范"的技术为主,编写并发布了GB/T 24463和GJB 6600 IETM系列标准。由于考虑到我国IETM应用尚处于起步阶段,上述我国IETM标准是在工程实践经验不足的情况下编制的,有待于今后在IETM应用实践中不断修订完善。因此,本系列丛书所依据的IETM标准是将我国的GB/T 24463、GJB 6600 IETM系列标准和欧洲S1000D国际规范的技术综合集成,并统称为"IETM技术标准"作为编写这套"丛书"的IETM标准的基础。

这套"丛书"系统地引进、借鉴了国外先进的理论与相关技术和认真总结我国已取得的研究成果与工程实践经验的基础上,从工程技术和工程管理两个方面深入浅出地论述IETM的基本知识、基础理论、技术标准、技术原理、制作方法,以及IETM项目的研制工程与管理等诸多问题,具有系统性与实用性,能很好地帮助从事装备IETM的研究、推广应用的工程技术人员和工程管理人员,了解、熟悉与掌握IETM的理论、方法与技术。由于IETM是一项通用的装备保障信息化的新技术、新方法和新手段,“丛书”所阐述的 IETM 理论、方法与技术,对军事装备和民用装备均具有普遍的适用性。

“装备交互式电子技术手册技术及应用丛书”是一套理论与工程实践并重的专业技术著作,它不仅可作为从事装备 IETM 研究与推广应用的工程技术人员和工程管理人员指导工作的参考书或培训教程,亦可为相关武器装备专业的本科生、研究生提供一套实用的教材或教学参考书。我们相信这套“丛书”的出版,将对我国装备 IETM 的深入发展和广泛应用起到重要的推动作用和促进作用。

中国工程院徐滨士院士、张尧学院士对本“丛书”的编著与出版非常关心,给予了悉心的指导,分别为本“丛书”作序,在此表示衷心的感谢。

“丛书”由装甲兵工程学院和海军航空工程学院青岛分院朱兴动教授的 IETM 研究团队合作编著。朱兴动教授在 IETM 研究方面成果丰硕,具有深厚的学术造诣与丰富的实践经验,对他及他的团队参加“丛书”的编著深表感谢。

由于作者水平有限,本“丛书”错误与不妥之处在所难免,恳请读者批评指正。

徐宗昌

2011 年 5 月

前　言

《可扩展标记语言(XML)在装备 IETM 中的应用》是“装备交互式电子技术及应用丛书”的第五分册。作为 IETM 诸多标准中应用最广泛的标准,S1000D 推荐采用可扩展标记语言(ExtenSible Markup Language,XML)来描述装备的技术数据,而且对 XML 格式数据所使用的标记进行了详细的规范。XML 是 W3C 组织定义的计算机文档表示的标准标记元语言,已成为开放环境下数据描述和信息处理的标准技术,是当今全球范围内用于描述数据、交换数据的中性语言。XML 遵循清晰严格的语法,将数据的显示样式与数据内容分离,具有良好的可扩展性。鉴于 XML 的技术优势,将 XML 引入到 IETM 的研究与工程领域,必然会促进 IETM 理论与技术的发展。为了帮助 IETM 研究,为了帮助应用的工程技术人员与管理人员更好地理解和使用 XML 创作 IETM,依据 4.1 版 S1000D 编写了本书,以满足 IETM 推广应用的需要。

本书分为 5 章。第 1 章概论,概要介绍 IETM 的基本概念、发展应用、技术标准和 XML 的基本知识,包括发展过程、语言体系、基本结构、查询语言和常用的 XML 工具,阐述 XML 适用于 IETM 技术信息描述与显示发布的优势。第 2 章 XML 的基本语法,重点介绍 XML 的一些术语和基本语法,目的在于使读者在装备 IETM 制作中正确使用 XML。第 3 章 XML 文档结构,介绍了 XML 的 DTD 和 Schema,并以实例的方式对二者进行了分析。第 4 章 XML 显示控制,主要介绍 XML 显示控制语言 XSL 和 CSS 的相关概念与基本语法,结合典型数据模块说明在 IETM 显示控制中的应用,目的是使读者了解 CSS 和 XSL 在基于 CSDB 的 IETM 数据显示主要作用与基本用法。第 5 章 XML 在 IETM 中的应用实例,通过 ZTZ × ×坦克 IETM 的制作案例,分别以举例的方式给出几类典型数据模块、出版物模块等 XML 编程的源程序实例,以及展示相应数据模块的信息显示样式实例。两个附录,分别是 XML 术语表和 IETM 典型信息数据模块样式单示例。

本书由徐宗昌主编，周健副主编，本书编写组成员参加编写。本书使用对象主要为从事装备 IETM 研究、应用的工程技术人员与管理人员。本书亦可作为高等院校相关专业的教师、研究生、本科生使用的教材或教学参考书。

本书在编写过程中得到了广州赛宝腾睿信息科技有限公司的支持与帮助，在此表示感谢。

由于对 IETM 技术标准的理解掌握和 IETM 实践经验的不足，本书的缺点、错误在所难免，希望读者提出宝贵意见和改进建议。

作 者

2014 年 6 月

目　录

第1章　概　论

20世纪80年代初，美国国防部遇到了技术手册和技术文档数量膨胀的难题，1986年底，美国国防部38个档案馆存储的工程图纸已经超过2亿张，大型武器装备纸质技术资料数量更是巨大，携带、保管、查询和利用这些资料越来越困难。为此，20世纪80年代后期，美国军方提出了交互式电子技术手册（Interactive Electronic Technical Manual，IETM）方案，作为CALS战略的一部分，试图实现纸质技术资料的数字化存储和利用，并且成立了由军方、工业部门、政府机构组成的IETM联合工作组，开始全面研究IETM技术、组织制定军用和商用规范及标准。为便于推广IETM技术应用，本书从技术信息描述层面研究可扩展标记语言（eXtensible Markup Language，XML）在IETM中的应用问题。

本章概要介绍IETM的基本概念、发展应用、技术标准和XML的基本知识，包括发展过程、语言体系、基本结构、查询语言和常用的XML工具，论述了XML适用于IETM技术信息描述与技术内容显示发布的原因。

1.1　IETM概述

1.1.1　IETM概念

IETM的概念最先是由美军提出来的，美军在MIL-PRF-87269A标准中对IETM明确定义为：IETM是从事武器装备系统的故障诊断和维护保障工作所需要的一组信息包，其中的信息内容和格式均以最优方式进行了组织和编排，以便于最终用户通过数字屏幕以交互方式使用。随着信息技术的进步，IETM经历了迅速地发展，其交互性不断增强，数据冗余不断降低，组织结构也发生了很大的变化。目前，国际上普遍认可美军IETM的5级分类方法，该分类方法按照IETM内容存储的体系结构、数据格式、显示方式、实现功能和集成化程度，将IETM分为5级：第1级电子索引页面图像，第2级电子滚动式文件，第3级线性结构IETM，第4级层次结构IETM，第5级综合数据库IETM。另外，国际IETM行业组织（包括欧洲S1000D组织）主张采用简单的2级分类方式，即分为线性结构的面向纸质打印的技术文档和非线性结构的面向Web发布的IETP

(S1000D 国际规范中的 IETP 与美军所提 IETM 概念内涵相同)。

开展 IETM 理论及相关技术研究最早、研究最深的首推美国,美国国防部及海陆空军、相关研究所及学术界不断进行各种标准的制订和理论的探索,在各种型号装备中广泛的应用,在实践中充分地发展与验证其理论。

1.1.2 IETM 发展应用情况[1]

早期的 IETM 主要面向应用,其创作及显示根据项目的不同而有很大的不同。20 世纪 90 年代初期,IETM 研究集中于应用层面,出现了多种形式的 IETM 系统,大大推动了美军装备技术资料的无纸化进程。美军一面积极进行 IETM 创作,一面对 IETM 的各种性能指标进行评估。

1992 年 9 月,美国海军研究生院在宙斯盾(AEGIS)应用基于计算机的教学技术,提出并试验了一个基于 IETM 的“未来教室”方案。2002 年 10 月,美国海军航空兵司令的 ADA408390 报告阐述了 IETM 的目标定义、相关技术、研究议题、设施模型、智能辅导、导航中的潜在语意分析、语音交互、穿戴式计算机及无手操作等。2003 年,西弗吉尼亚大学与 ManTech 企业集成中心研究了基于 Web 服务和轻量级对象访问协议的智能电子技术手册、扩展了 S1000D 规范的支持用户模式识别及自学习的 IETM 智能故障诊断模型框架等内容。

美军对 IETM 的评估非常重视,他们一边推进 IETM 应用,一边不断从多方面对 IETM 进行分析和评估。目前,我国 IETM 相关研究多偏重于具体技术及工程应用,IETM 评估研究尚不多见。1992 年 12 月,美国陆军联合 CALS 小组及 CALS 技术中心联合给出了一份编号为 ADA312449 的《IETM 原型设计》报告,该报告完成了基于通用内容、样式、功能、用户接口、IETM 数据库军用规范的 IETM 原型设计。1995 年,美国海军对基于 IETM 的海军训练项目进行了效益分析,评估了校舍和维修场所中 IETM 的适用性。1998 年,麦道航空公司针对 F-15E 的 SGML 格式工作指南资料,评估了不同公司不同创作系统创作的 5 种不同级别和类型的 IETM。1999 年 4 月,美国防务系统管理学院面向 IETM 的采办、开发、分发、管理人员,提供了《IETM 采办指南》。

随着新技术的不断出现,美军逐渐发现其原有 IETM 系统已经不能适应新技术条件下的需要,他们开发的各种 IETM 之间的数据交换、功能的互操作等很难实施,各种不同创作系统创作的 IETM 均依赖于特定显示系统。2000 年初,美国开始推行基于 Web 的联合式 IETM,以期解决这些问题。

1998 年 3 月,美国海军推出了海军 IETM 框架(Navy IETM Architecture, NIA),同年 7 月,美军开始在 DoD 范围内进行联合 IETM 框架(Joint IETM Architecture,JIA)研究与验证,以保证基于 Web 的 IETM 的数据互操作性,力求使最终用户可以使用统一的用户接口显示系统来使用不同的IETM，建立一个IETM框架结构来规范IETM采办、管理及显示等。2006年，美国海军海战中心对基于Web的IETM方案进行完善，以达到DoD范围内的IETM对用户层的互操作性，使得最终用户可以使用统一的浏览器来浏览任何来源的IETM。

目前，国内外对集成化IETM的研究主要集中于IETM如何应用于其他领域，如与故障诊断系统、专家系统、教学及训练系统的集成等，而对IETM如何与典型企业信息化系统如CAx系统、PLM系统、综合后勤保障系统进行集成、将IETM创作过程纳入到产品/装备研发的并行过程中，从寿命周期角度来研究的尚不多见。

1996年2月，美海军人员研发中心联合其他部门，对海军及其他军方、政府、工业、教育组织等领域中基于IETM的训练及教学做了详细综述，包括传统教室中的教学设置、虚拟教室、实时指导系统等。2003年，南非学者Paul C、Zeiler G等研究了IETM与自诊断系统的集成，包括后勤保障分析记录数据、故障模式及影响危害度分析数据、IETM创作工具、诊断推理开发工具及测试开发工具的集成等，2005年，他们将以S1000D数据模块所组成的IETM、相关测试分析工具等多种工具集成为一个测试工作站。

2005年，美国PTC公司收购了XML创作软件——Arbortext，对其进行了二次开发，使之可以与其产品寿命周期管理平台——Windchill系统进行集成。该系统可以从产品设计数据中方便的获取数据，将IETM创作的某个节点与Windchill中的设计数据进行关联，可以及时更新。该系统最大特点在于它是首次将IETM创作工作与产品设计研发环境进行集成，但它们的集成目前还停留在数据集成的层面。

我国对在装备寿命周期中IETM的同步生成研究尚处于起步阶段，装甲兵工程学院徐宗昌工作室对于IETM在装备研制过程中与其他设计平台进行集成、与装备研发流程及综合保障工作在项目管理的层面进行集成等方面进行了开创性的探索。

目前，我军大部分装备的技术资料仍以纸质为主。随着信息技术的逐步应用，部分装备的电子手册及故障诊断系统相继得到研制开发，有的已交付使用，但是这些系统大都功能单一、接口封闭、缺乏统一的标准，无法与各类维修手册融为一体。既不能进行智能化的交互，更谈不上网络化的集成。因此，从武器装备的全寿命考虑，我们应在装备保障工作中大力推广IETM技术，以其为指导，实现交互式的故障诊断、隔离与维修手册，实现多系统、多平台间的信息共享与互操作，以此提高武器系统的保障水平，提高武器系统战备能力，降低系统的全寿命周期费用。

1.1.3 IETM 技术标准介绍

IETM 标准是 CALS 技术标准的组成部分,在 CALS 的数据格式、数据交换标准的基础上,世界各国在研究开发 IETM 的过程中,陆续颁布了一系列专门用于开发 IETM 的技术标准,以便规范 IETM 的开发工作。其中,自 1992 年起,美国国防部就陆续颁布了一系列 IETM 标准与规范。在其基础上,英、德、法等国军用标准化机构也相继颁布了适应本国应用要求的技术规范。北约组织、国际标准化组织(ISO)也制订了一些相关标准。目前,指导 IETM 的规范很多,其中比较有代表性的是美国国防部的 MIL - DTL - 87268C、MIL - DTL - 87269C 和 MIL - HDBK - 511 系列标准,美国航空运输协会制定的 ATA iSpec2200 以及目前较为流行的国际规范 ASD/AIA/ATA S1000D。

1. 美国 IETM 标准

IETM 最初由美国军方提出,而美国 IETM 军用标准体系主要由 MIL - DTL - 87268C、MIL - DTL - 87269C 和 MIL - HDBK - 511 等标准构成,分别对 IETM 的交互风格、数据结构和体系结构进行了规范。最初,美国国防部于 1992 年 11 月发布了 IETM 标准 MIL - M - 87268、MIL - D - 87269 和 MIL - Q - 87270,1995 年以后进行了 3 次修订,取消了 MIL - Q - 87270,目前保留的最新版本是 2007 年 1 月颁布的 MIL - DTL - 87268C 和 MIL - DTL - 87269C。为满足 IETM 向网络化发展的需要,解决如何向 Web 发布移植的问题,2000 年 5 月颁布了 MIL - HDBK - 511,提出了联合 IETM 框架并在用户界面上解决了互操作性问题。

1) MIL - DTL - 87268C

MIL - DTL - 87268C《交互式电子技术手册通用内容、风格、格式和用户交互要求》是美国国防部于 1995 年 10 月对 MIL - M - 87268 和 MIL - Q - 87270 两个规范进行修订后,在发布的 MIL - PRF - 87268A 的基础上于 2007 年 1 月推出的最新版本。MIL - PRF - 87268A 是美国国防部比较完备的 IETM 规范之一,曾对美国、欧洲及世界各国 IETM 系统的开发起到过重要指导作用。MIL - DTL - 87268C 对 MIL - PRF - 87268A 没有实质性修改。该标准定义了 IETM 的内容、样式和用户交互性的通用要求,提供了通用的、标准化的 IETM 数据显示方式,从而确保用户使用各种 IETM 系统时操作方法的一致性。

2) MIL - DTL - 87269C

MIL - DTL - 87269C《可修改的交互式电子技术手册数据库》是美国国防部在 1995 年 10 发布 MIL - PRF - 87269A 的基础上进行修订,于 2007 年 1 发布的最新版本。该规范是为承包商采用标准化的标记语言创建一个 IETM 的数据库,规定了 IETM 数据库元素结构及命名规则,以及政府和承包商信息的交换格式等有关要求,定义了一个层次化的内容数据模型(Content Data Model,CDM)来描述技术信息内的逻辑和层次关系。该规范对 MIL - PRF - 87269A 的主要修订是将原来两层技术信息的 CDM 增加了一个交换层,变为三层结构:顶层为通用层,用于定义数据特征的语法规则和跨应用的通用属性;中间层为交换层,用于提供一个内容数据模块的协调兼容空间;底层为特定内容层,用于定义武器系统的特定技术信息元素,其信息模型由通用层中的基本元素以特定的方式组合而成,并根据武器系统的组成结构来组织技术信息。

3) MIL - HDBK - 511

MIL - HDBK - 511《交互式电子技术手册互操作性》是美国国防部为解决不同 IETM 间的互操作问题,于 2000 年 5 月颁布的。该手册为 IETM 的互操作性定义了技术框架和联合 IETM 框架,推荐使用商用现货(commercial - off - the - shelf,COTS)技术、Internet 和 WWW 技术,以及推荐采用通用浏览器、IETM 对象封装、电子寻址和库函数、网络和数据库服务器接口,来解决 IETM 终端用户级的互操作问题,极大地方便了武器装备系统的操作、维修与训练,是 IETM 发展的一个重要标志。MIL - HDBK - 511 提出的联合 IETM 框架虽然在用户界面上解决了互操作问题,但仍没能解决源数据的互操作问题,并且此标准在应用方面,基本采用编码方式,用通用网页编辑软件编写,即要求 IETM 创作人员同时为网页开发专业人员。

2. 欧洲 IETM 国际规范

ASD/AIA/ATA S1000D《基于公共源数据库的技术出版物国际规范》目前是由欧洲宇航与防务工业协会(ASD)、美国航空工业协会(AIA)和美国航空运输协会(ATA)共同制定与维护的交互式电子技术出版物(Interactive Electronic Technical Publication,IETP)的国际规范。欧洲有关 IETP 概念起源于 20 世纪 80 年代的航空航天领域。1984 年,欧洲航空工业协会(AECMA)成员国和用户开始制订技术出版物的国际规范,于 1989 年由欧洲航空工业协会和英国国防部(MoD)联合编制的欧洲 IETP 国际规范 AECMA S1000D《基于公共源数据库的技术出版物国际规范》1.0 版颁布。2003 年以后美国航空工业协会(AIA)加入 S1000D 组织,2004 年 AECMA、欧洲国防工业协会(EDIG)与欧洲航天工业协会合并为欧洲宇航与防卫工业协会(ASD),2005 年美国航空运输协会(ATA)也加入 S1000D 标准维护组(TPSMG),逐步形成目前由世界几十个国家加入的庞大的标准化组织。自从 1989 年第一版正式颁布以来到 2002 年,S1000D 共进行了 9 次较大的修改。2003 年 S1000D 2.0 版颁布,其中包含了美国工业界的需求;2004 年 2 月 2.1 版颁布;2005 年 5 月 2.2 版颁布,S1000D 已成为能够规范航空、航海、陆地装备技术出版物的影响最大的技术标准;2007 年 2 月 2.3 版颁布,从军用装备扩大到民用航空的需求;2007 年 7 月,ASD/AIA/ATA S1000D 3.0 版颁布,全面覆盖了军用、民用航空、航海、陆地装备的需求。2008 年 8 月与 2009 年 5 月又先后发布了 4.0 版与 4.0.1 版。2012 年 12 月颁布了目前最新的版本,ASD/AIA/ATA S1000D 4.1 版。

S1000D 的最大特点是采用数据模块(Data Modules,DM)技术、结构化技术和公共源数据库(Common Source Data Base,CSDB)技术来创建 IETP。该规范以成熟的 ATA100《航空技术资料编写规范》为基础,采用了 ISO、CALS 和 W3C 国际标准,运用模块化的思想,按照结构或功能对装备进行系统划分与编码,由信息集确定技术信息的范围与深度,以数据模块的形式组织技术信息,以公共源数据库储存管理技术信息,并且以出版物模块作为技术资料的发布形式,可以同时进行交互显示和输出 PDF 格式文件,以便最大限度地实现技术信息的重用与共享,降低了技术资料的生成与维护费用。

由于 S1000D 具有广泛的组织支持、完善的维护体制、坚实的技术基础和合理的发展计划,使其为世界上绝大多数飞机生产厂商所接受,并发展为适用各种航空装备、陆上装备、海上装备,成为世界各国推崇的事实上的行业标准,预计可能发展成为国际通用的 IETM 标准。

3. GB/T 24463 IETM 系列国家标准[2]

为了满足我国 IETM 研究与推广应用需要,在引进消化国外先进 IETM 标准的基础上,中国标准化研究院与装甲兵工程学院、总装备部标准化研究中心编制发布了 IETM 国家标准和国家军用标准。

其中,GB/T 24463IETM 系列国家标准由装甲兵工程学院编制,于 2009 年 10 月 15 日发布,2009 年 12 月 1 日实施。

GB/T 24463.1—2009《产品交互式电子技术手册　第 1 部分:互操作性体系结构》主要规定了 IETM 互操作性体系结构要求,规范了互操作体系结构的概念、结构配置、通信安全、单机和网络环境下 IETM 的应用,以及 Web 浏览器及配置、IETM 对象的封装与交付、IETM 电子寻址方式等要求。

GB/T 24463.2—2009《产品交互式电子技术手册　第 2 部分:用户界面与功能要求》主要规定了创作 IETM 所应遵循的界面与功能要求,包括:界面基本显示元素、辅助显示元素、通用界面显示要求、信息元素的显示要求及信息的特定显示要求;以及功能性分类、功能性定义和功能性矩阵的有关内容。该标准部分适用于规范基于公共源数据库 IETM 的用户界面的显示风格和样式,以及规范 IETM 交互功能需求。

GB/T 24463.3—2009《产品交互式电子技术手册　第 3 部分:公共源数据库要求》主要规定了 IETM 公共源数据库中数据的存储、描述和交换的要求,以及规定了8种类型数据模块及其标记部分和公共部分的定义，明确了数据模块编码、插图编码、出版物编码的代码结构和各类数据模块的DTD进行数据模块管理等内容。

GB/T 24463 IETM系列国家标准是在引进欧洲ASD/AIA/ATA S1000D《基于公共源数据库的技术出版物国际规范》的技术和部分引进美军标的技术的基础上，结合我国、我军的实际情况编制的，由于我国没有经过充分的工程实践，加上编制时间匆促，存在某些不够完善之处。例如：①IETM国家标准采用文档类型定义（DTD）描述XML文档结构；②元素名称字典缺少对DTD元素属性的解释等。

4. GJB 6600IETM系列国家军用标准

GJB 6600IETM系列国家军用标准，由总装备部标准化研究中心主持编制，标准包括四个部分，其中第一部分于2008年10月31日发布，其余三个部分于2009年12月22日发布。

GJB 6600.1—2008《装备交互式电子技术手册　第1部分：总则》，主要规定了IETM的功能、内容、数据格式和管理信息等要求。GJB 6600.2—2009《装备交互式电子技术手册　第2部分：数据模块编码和信息控制编码》，规定了装备交互式电子技术手册的数据模块编码和信息控制编码要求。GJB 6600.3—2009《装备交互式电子技术手册　第3部分：模式》，规定了装备交互式电子技术手册模式的通用层信息和信息层信息要求。GJB 6600.4—2009《装备交互式电子技术手册　第4部分：数据字典》，规定了装备交互式电子技术手册描述类数据、程序类数据、故障类数据、操作类数据、操作类数据、接线类数据、过程类数据等数据元素的内涵、格式、属性以及数据项之间关系等要求。

美军标（MIL－M－87268、MIL－D－87269和MIL－Q－87270，1995系列）定义和描述装备的技术信息采用通用标记语言——SGML。ASD/AIA/ATA S1000D《基于公共源数据库的技术出版物国际规范》从2.1版开始，就建议采用XML。

我国国家标准（GB/T 24463.X系列）和国家军用标准（GJB/T 6600.X系列）均采用XML作为装备技术信息（数据模块）描述语言。

1.2　XML概述

国外发达国家在研发IETM过程中，曾开发一些成熟的IETM创作工具，但这些工具大多使用SGML文档存储数据，由于SGML语法冗长、结构复杂，研制基于SGML的IETM都将耗费大量财力，因此这些IETM仅能在美国军方或大型跨国公司使用，难以推广。为了降低IETM的开发成本，发展IETM的网络应用，针对SGML的缺陷,出现了将XML应用于IETM的趋势。

随着网络技术的发展,XML已经成为互联网环境中数据描述和交换的标准。XML语法简单,为许多商业软件所支持,具有标记可扩展(用户可自定义标记)、数据和其显示样式分离、强大的超级联接功能,是一套跨平台、跨网络、跨程序语言的数据描述方式,它能够高效地组织大量技术数据信息。基于XML的IETM,就是在IETM中用XML取代SGML来组织和管理数据,构建纯XML数据库,实现IETM技术数据的传输、存储和交互式利用。本节从标记语言发展变化进程出发,介绍XML语言的基本概貌。

1.2.1 标记语言发展与应用情况[3,4]

标记就是给文档中某些具有特殊含义的部分加上标记的过程。在20世纪80年代早期,IBM提出在各文档之间共享一些相似的属性。IBM设计了一种文档系统,通过在文档中附加一些标签,从而标记文档中的各种元素。这样文档的显示和打印可能更少地依赖特殊的硬件。IBM把这样的标记语言称为通用标记语言(Generalized Markup Language,GML)。1986年国际标准化组织发布了为生成标准化文档而定义的标记语言标准,称为标准通用标记语言(Standard Generalized Markup Language,SGML)。标记语言中的标记一般分为程序性标记和描述性标记。

(1) 程序性标记(Procedural Markup),是用专属的指令来执行对文件的处理,关注的是文件呈现的外观,包括对字体的大小、字型、字形、页面、段落、注脚以及左右页边距等的设置。程序性标记只能在特定的系统平台或相关软件中执行,如果所使用的系统软件更换,则标记过的文件往往必须重新标记,即重新排版编辑。

(2) 描述性标记(Descriptive Markup),一般称之为通用的标记,所关注的是文件的内容或结构元素,而不是文件呈现的版面样式,描述文件结构的方式是以标记文件构成的元素进行的。文件的内容与文件的外观是分离的,同样的文件内容有不同的呈现形式。因此,描述性标记在文件的重复利用方面要比程序性标记灵活很多。

IETM技术信息描述和显示发布,其发展过程中涉及3种标记语言:SGML标记语言、HTML标记语言、XML标记语言。

1. 标准通用标记语言(SGML)[6]

SGML是ISO在1986年所制定的描述文档资料的结构与内容、实现文档交换和共享的国际标准。它是数据描述、数据模型化和数据交换的标准,同时又是一种元语言,可以用来定义其他更专门性的标记语言的通用规则。例如,HTML

就是由 SGML 所定义出来,专门使用在 WWW 上的标记语言。

1) SGML 工作原理

SGML 认为,典型文档由结构、内容和样式构成:

(1) 结构,指文档内容间的顺序和相互关系。通过文档类型定义(Document Type Definition,DTD)可以把构成具体文档的元素之间的相互关系给予定义。

(2) 内容,文档信息本身,如文字、声音和图像等。确定内容在 DTD 中的位置的方法称为加标记。

(3) 样式,决定内容如何被显示。样式表把结构所对应的内容的呈现形式予以定义。在数字化信息资源中,内容和样式是互相分离的。

普通的 SGML 文档一般由 3 部分组成,即 SGML 声明、文档类型定义及 SGML 文档实例。SGML 声明定义文档使用的语言集、参考语法规则、SGML 可选特性等;DTD 描述文档的结构模板、逻辑框架结构以及元素的属性等,它确定文档类别、规定文档结构规则、列出文档实例中所允许的全部元素及其次序;SGML 文档实例是文档内容的主要部分,由许多元素及元素的正文按 DTD 规定的框架结构组织而成。

2) SGML 的应用

SGML 主要有以下几个方面的应用:

(1) HTML 应用。HTML 是欧洲粒子物理研究所使用 SGML 中的一个固定的 DTD 开发的,具有固定的 DTD 文件直接嵌入 HTML。不能随意增加标记,因而灵活性较差。

(2) 电子商务中的数据交换。在政府领域,计算机辅助后勤支援系统(Computer - aided Acquisition and Logistic Support,CALS)计划要求按照程序和格式来处理、传递、存储文献资料,运用 SGML 作为结构化处理的标准之一。

(3) 电子出版。通过 SGML 来增强电子文档的结构化处理,进行知识的聚类,更好地利用计算机进行电子出版物的制作、整理。

(4) 图书馆领域应用。在图书馆领域,人们试图用 SGML 来描述 MARC 格式,它的好处是可以降低信息遗失。因为在 MARC 与 DC 的映射中很容易造成信息的遗失。

3) SGML 的优缺点

SGML 具有以下的优点:

(1) 有弹性。在 SGML 中,标记是不固定的,用户可以根据自己的理解来添加标记,可以用标记来标记结构非常复杂的文档。SGML 能描述任何的信息结构与任何复杂的文件,其应用可以简单得如 HTML,也可以复杂得像 TEI、EAD、CIMI。

(2) 非专属性。SGML 与平台独立,与系统独立,不属于特定的平台和特定的应用系统。可以在不兼容的系统直接进行数据交换。避免数据交换中的信息遗失,撰写的文档能够长久保存。

(3) 信息的再利用性。SGML 文件的内容可以重复利用,或者被其他的 SGML 文件使用,不需重新生成。同一份文件内容也可以通过不同的 DTD 来定义,用不同的样式表呈现出来。

SGML 具有以下的缺点:

(1) 应用程序不易开发。

(2) SGML 文件不易在 Web 上传播。要想传送 SGML 文件,必须有特定的 DTD 和样式表。

(3) 缺乏商家的支持。

2. 超文本标记语言(HTML)

1) HTML 概述

1989 年,欧洲粒子物理研究中心使用 SGML 的一个语法,以一个 DTD 为基础,开发了 HTML。HTML 不能称为元数据,更多地关注文本的呈现形式。HTML 是一种专为 WWW 网页显示及浏览而设计的简易标记语言,目前是 WWW 上制作网页的标准语言格式。HTML 创造出来的文件可在不同的操作平台间移动。可移植性与简易性是 HTML 的两大特征。HTML 文件除了包含文字信息外,还可包括声音、影像等多媒体信息,而 HTML 的超链接除了网页内的链接,也包括网页之间的链接。HTML 的主要语法是单元和标记。单元是符合 DTD 的文档组成部分,如 title(文档标题)、image(图像)和 table(表格)等,单元名不区分大小写。HTML 用标记来规定单元的属性和它在文档中的位置。标记是用来标注单元的。HTML 文档以纯 ASCII 的形式存储,以标签(Tag)来定义文档的组织。在 HTML 文档中,可以嵌入其他对象,如 image、audio、video、javascript 等。

2) HTML 的特色和局限性

HTML 具有以下明显的特色:

(1) DTD 的设计主要满足在浏览器上显示的需要,因此很多标记更关注信息内容呈现的细节。

(2) HTML 有内建的样式,所以呈现不需要专门的样式表,使用比较简单方便。

(3) HTML 作为 WWW 中共同的信息描述方式,可以实现不同平台的文档共享。

(4) HTML 文档是纯文本文件,它可以由 UNIX 的 vi、DOS 的 edit、WPS、记事本以及专门的 HTML 编辑器等各种各样的编辑工具进行创建,并在 WWW 浏览器上都可以运行。

但是,HTML 也具有以下的局限性:

(1) 结构上的局限性,HTML 的标记是固定的。

(2) 在信息的利用方面,同一内容要实现不同的呈现形式需要有不同的 Web 版本。

(3) 信息的交换方面,无法支持精确查询。

3. 可扩展标记语言(XML)

和 HTML 一样,XML 也是 SGML 的一个子集。XML 的目的是要让全球信息网页的信息有一个标准又切实可行的简单标记语言。只不过 XML 和 HTML 的服务目标和手法不尽相同,HTML 是单一的固定的格式,而 XML 却是可以扩充的灵活格式;HTML 用来形容展示页面的方法,而 XML 是用来形容页面的内容。

与 SGML 相比,XML 更简单和灵活。它把很多在 SGML 底层非常复杂的语法结构隐藏起来,而使得整个结构非常灵活又容易扩充,使开发应用软件处理 XML 格式文件非常容易。XML 继承了所有 Web 的功能,所以 XML 特别适合在网上传输和处理。

1) XML 文件的结构

一个完整的 XML 文件可以分为声明区、定义区和文件主体 3 个部分。

(1)声明区。常见的声明格式如下:

```
<? xml version = 1.0 encording = GB2312
>
```

上述声明表明 XML 的版本是 1.0,使用的字符集是 GB 2312,如果要使用内定的字符集,可省略 encording 的设定,如果需要引用外部文件,也要在声明区指定。

(2) 定义区。定义区用来设定文件的格式或自定义标记的相关性质,也叫 DTD。定义区必须包含在<! DOCTYPE[ ]>段落中。

```
<! DOCTYPE documentname [
<! ELEMENT documentname ANY >
<! ELEMENT tagname1 (#PCDATA)
>
<! ELEMENT tagnamen (#PCDATA) >
]>
```

(3) 文件主体。文件主体是由成对的标记所组成,而最上层的标记,就成为根元素。同一个 XML 文件中只能有一个根元素。

2) XML 的特征

(1) 结构化。XML 文档将内容与格式分开描述,并利用样式表中的规则集对所描述的内容文档的格式进行严格的说明,这样,XML的描述就像数据库一样具有了结构性。

(2)可扩展性。XML在两个意义上是可扩展的。首先,它允许开发者创建他们自己的DTD,有效地创建可被用于多种应用的可扩展的标签集。其次,使用几个附加的标准,可以对XML进行扩展,这些附加标准可以向核心的XML功能集增加样式、链接和参照能力。作为一个核心标准,XML为可能产生的别的标准提供了一个坚实的基础。

(3)开放性。XML所采用的标准技术在Web上是完全开放的,可以免费获得。W3C组织的成员已经较早地得到了这些标准,不过一旦此标准完成了,结果就是大家都可获得。XML文档自身也较为开放,任何人都可以对一个结构良好的XML文档进行语法分析,如果提供了DTD,还可以校验这个文档。

(4)灵活性。XML的灵活性表现在两个方面:一是XML文档也是纯文本文件,同HTML一样,各种编辑工具创建的XML文档都能被WWW浏览器所显示;二是XML允许自定义标签,这种优势使得HTML应用无法与XML的应用相比。

4. SGML、HTML和XML的比较[7]

HTML是SGML的应用,XML是SGML的一个子集。

HTML和XML都是由一个固定的SGML定义和一个DTD定义组成。

XML不像HTML只有内建的样式,XML提供了样式表标准,即可扩展样式语言。

XML除了支持像HTML的简单链接,也提供了几种功能更强大的超链接机制。

1.2.2 XML语言介绍

1. XML语言

XML语言是万维网联盟(W3C)创建的一组规范,用于在Web上组织、发布各种信息。它不仅可以满足迅速增长的网络应用的需求,还能够确保网络进行交互操作时具有良好的可靠性与互操作性。

XML是元标记语言,即定义了用于定义其他与特定领域有关的、语义的、结构化的标记语言的句法语言。HTML或格式化的程序定义了一套固定的标记,用来描述一定数目的元素,用户没有权限修改这种标记。所以这些语言中如果没有所需的标记,用户也就无能为力了。XML用户可以定义自己需要的标记。这些标记必须根据某些通用的原理来创建,但是在标记的意义上,也具有相当的灵活性。新创建的标记可在文档类型定义DTD中加以描述。每个领域都可以有自己的DTD。

XML标记描述的是文档的结构和意义。例如:假如国家做人口普查需要描述一个人的姓名、出生时间、出生地、民族、家庭成员、婚姻状态等情况信息,这就必须为每项内容创建对应的标记。新创建的标记可在DTD中加以描述,然后只需把DTD看作是文档的句法和一本词汇表。再如,在化学标记语言(Chemical Markup Language,CML)中的DTD文件中描述了词汇表和分子科学的句法:其中包括固体物理(solid state physics)、化学(chemistry)、结晶学(crystallography)等词汇。它包括用于光谱(spectra)、化学键(bonds)、分子(molecules)、原子(atoms)等的标记。这个DTD可与分子科学领域中各种不同的人共享。

对于其他领域也有其他的DTD,用户还可以自己创建特定的DTD。

DTD有扩展的机制,然而这个机制非常复杂而脆弱,不能清楚地表达相互间的关系。于是XML标准引入了一种新的描述信息结构的模型——XML Schema。

XML Schema是一种描述信息结构的模型,类似于数据库中描述表结构的机制。XML Schema为同种类型的文件建立一种对应的模式,在这个模式中,它规范了文本和文件中所有标签可能的任何组合形式。

XML Schema突破了DTD的限制,对丰富的数据类型提供支持,能够扩展或派生新的类型,使用与实例文档相同的语法,支持命名空间。DTD和XML Schema的引入,赋予了XML文档可扩展性、结构性和可验证性。正因为如此,XML具备了类似于数据库的一些性质,人们可能利用XML来组织和管理信息。与此同时,又与HTML一样在浏览器中方便地表示,在Internet上高效地传递和交换。考虑到与HTML的兼容,DTD并不是XML文档必须的成分。

目前,处理XML文档的方式主要有SAX与DOM两种。SAX(Simple API for XML)是一种基于流的、以事件处理方式工作的接口。DOM(Document Object Model)则是在对XML文档进行分析后,在内存中建立起一个完整的树的结构,然后在此基础上进行各种操作。简单地比较来看,SAX对系统资源要求低,速度快,但对文档的操作是只读的;DOM的处理能力强大,但要求大量的系统资源,尤其是对于大的文档。

2. XML语法

1) XML文档的声明

XML的声明必须在文档的第1行,而且其中的字母是区分大小写的。首先声明使用的XML版本号,如<? xml version = "1.0" >,尽管XML1.0是目前唯一的版本,但是仍然要声明版本的属性。文字编码的声明位于版本属性之后,其形式为:

```
encoding = "UTF - 8"(Unicode Transformation Format - 8)
```

文字编码声明指出文档是使用何种字符集建立的,默认值是 Unicode 编码(UTF-8 或 UTF-16)。

独立文件声明位于文字编码声明之后,如 standalone = "no"。独立文件声明使用的属性值可以为 yes 或 no。属性值 yes 表示所有与文件相关的信息都已经包含在文件中,即文件中没有指定外部实体,也没有使用外部的模式;属性值 no 表示应用程序需要取得文件以外的信息才能完成文件解析。完整的 XML 声明如下所示:

```
<? xml version = "1.0"  encoding = "UTF-16"  standalone = "yes"? >
```

2) XML 元素

通常,XML 文档中的大部分内容都是由元素构成的。每个元素都有一个名字(即标记名),也可能有后裔,后裔可能是注释、字符数据段、字符、处理指令或是另一个元素。一个格式正确的 XML 文档必须至少包含一个元素,即文档中必须有一个根元素(root)。元素由起始标记和终止标记串行化而成。起始标记的形式是 <标记名>,终止标记的形式是 </标记名>,元素对应的值位于起始标记和终止标记之间。如果元素没有值,则称为空元素。空元素也可以用一种速记法来表示,即 <标记名/>。

XML 中的元素名称是区分大小写的。它必须开始于字母或下划线(_),后面则可跟任意长度的数字、字母、句点(.)、连接符(-)、下划线或冒号。

3) XML 属性

属性是用来注释元素的,给元素内容提供额外的信息说明,方便用户的理解以提高可读性。元素的属性在元素的起始标记处给出,形式为属性名 = 属性值。

属性名与元素各有相同的构造规则,属性必须出现在单引号或双引号中。每个元素都可以有任意数目的属性,但是它们的名称不能相同。

4) XML 处理指令

处理指令主要是为处理 XML 文档内容的应用程序提供说明信息,这些信息包括如何显示文档,对显示文档如何处理等。处理指令的显示方式既可以作为文档的顶层结构出现在元素的前面或后面,也可以作为元素的后裔出现。处理指令由处理指令的目标或名称、数据或信息组成。其格式为 <? target data ?>,目标的构造规则与元素名的构造规则一样。

5) XML 注释

注释是 XML 的一大特点,在 XML 中附加注释可以极大地提高 XML 文档内容的可读性。注释的出现位置和处理指令一样,既可以作为文档的顶层结构出现在元素的前面或后面,也可以作为元素的后裔出现。注释使用字符序列"<! -- "作为开始符号,使用" -->"作为结束符号,注释的文本内容在这两个字符序列之间。

6）XML 命名空间

XML 是允许设计者自定义和命名标记名的，这就导致了标记名重名现象的出现。针对这个问题，XML 采用命名空间机制来解决。实际上，命名空间相当于一个词汇表，它规定了所有与之关联的元素的作用范围，即每个元素的标记名只是其给定的命名空间中才有意义。且命名空间自身也有名称，它的名称就是统一资源标记符（Uniform Resource Identifier，URI）。通过这种方式就可以避免标记名重名情况的出现，即元素名称由元素的本地名称和命名空间的名称构成，形成了一个在全局范围内唯一的名字——限定名。

在声明命名空间时，其在 XML 中一般出现在元素的起始标记处，并且习惯把命名空间的名字和一个很短的字符串一一对应起来，而这个字符串就是所谓的命名空间前缀（Name Space Prefix）。命名空间声明的语法是 xmlns:prefix = 'URI'；如果不使用前缀，其语法则是 xmlns = "URI"。值得注意的是，在这两种情况下，URI 都必须在双引号或者是单引号中。

所有 XML 文档都必须格式正确且结构良好。即对于一个具体的 XML 文档来说，应该是：所有构造在语法上都是正确无误的；根元素只能有一个；对于非空元素，所有的起始标记与终止标记都是一一对应的；所有的标记都必须正确嵌套；每一个元素的所有属性名之间都是不相同的。

下面是一个 XML 文档的简单例子[4]。

```
<? xml version ="1.0"? >
<publisher >
<library >UESTC Library < /library >
<book year ="2009" >
<title >XML Technology Application < /title >
<author id ="10001" >
<name >Simon Fitzgerald < /name >
<email >Simon@ gmail.com < /email >
< /author >
<author id ="10002" >
<name >Wang HaiLiang < /name >
<email >HaiLiang@sina.com < /email >
< /author >
<price >36 < /price >
< /book >
<book year ="2010" >
```

```
<title>C++ Primer</title>
<author id="10003">
<name>Stanley B Lippman</name>
<email></email>
</author>
<price>100</price>
</book>
<article editorID="1005">
<title>Language of XML</title>
<author id="10004"><name>Alex Jone</name>
</author>
</article>
<editor id="1006">
<name>Lincon Bruce</name>
</editor>
</publisher>
```

这是一个良构的 XML 文档的例子,它是一个包含出版物信息的 XML 文档,它有一个 publisher 根元素,该元素中包含一个 library 子元素,以及若干个 book、article、editor 子元素,每个 book 元素又包含了 3 个子元素,分别是 title 子元素,author 子元素和 price 子元素,以及一个属性 year;每个 article 元素中有一个 title 元素和至少一个 author 子元素,以及一个 editorID 属性;每个 editor 元素有一个 ID 类型的属性 id,文档中的 editor 元素的 id 属性的值为 105,一个文档中所有的元素 ID 类型属性的值在该文档中必须唯一;每一个 article 元素通过它的 IDREF 类型的属性 editorID 来引用另一个元素,被引用的元素的 id 属性与该元素的 editorID 属性值相等,如文档中 article 元素引用 editor 元素。

3. XML DTD 简介

1) DTD 的定义及规则

XML 实质上是作为一种保存文档信息的载体而存在的。为了使 XML 文件更加高效和简洁,还需要一种数据模型用来详细说明 XML 文件的结构信息,这些信息必须遵守怎样的规则。有了这种模型后,就可以定义元素在 XML 文件中的嵌套关系以及元素之间的顺序关系,并且还能够定义文件数据的类型。其中一个应对之策便是文档类型定义,即 DTD。DTD 详细说明了所有可用在文档结构中的规则。以上节所讨论的 XML 文档为例,DTD 可以确切地规定每一个 book 元素有且仅有一个子元素 title,多个或者一个子元素 author,有且仅有一个子元素 price。在 DTD 中对这些规则进行了明确的定义。可以看出,DTD 确实给XML文档的创建和处理带来了便捷。

DTD的主要用途是使语法分析器能够正确地解析XML文档内容,同时也提高了XML文档内部参数的一致性。

XML功能的强大之处在于DTD的共享,即多个文档之间可以共享DTD。这些DTD可以是不同的组织或机构编写的,这样它就形成了一致的标记,在某一个领域可以一起使用,也保证了人和程序能够互相读懂文件。例如,使用一个DT表示基本的化学符号,就可以确保能阅读和理解对方的文章。DTD明确定义了在文档内什么是合法内容,什么不是合法内容。此外DTD建立了一种规则:超出所定义规则以外的DTD声明的扩展是无效的;并且还建立了一个标准,用以支持查看和编辑所必需的软件。因此,DTD有助于防止软件销售商为了把用户限制在他们自己专有的软件中,而且对开放的协议进行增强和扩展。

DTD最初出现在SGML中,它依靠特定的语法来描述XML文档的结构。在数据模型中采用DTD作为其描述方法,主要好处在于SGML的高扩展性,即SGM工具只要作一定的修改就能够支持XML。以下是一个XML DTD的实例,用来表示上面XML文档中的各个元素之间的关系[4]:

```
<! ELEMENT publisher(library,(book | article | editor) * ) >
<! ELEMENT book(title,price,authori + ) >
<! ATTLIST book year CDATA #IMPLIED >
<! ELEMENT article(title,author + ) >
<! ATTLIST article editorID IDREF#IMPLIED >
<! ELEMENT author(name,contace?,email * ) >
<! ATTLIST authorid ID #REQUIRED >
<! ELEMENT editor(name,contace?,email * ) >
<! ATTLIST editorid ID #REQUIRED >
<! ELEMENT library (#PCDATA) >
<! ELEMENT title (#PCDATA) >
<! ELEMENT price (#PCDATA) >
<! ELEMENT name (#PCDATA) >
<! ELEMENT contact (#PCDATA) >
<! ELEMENT email (#PCDATA) >
```

DTD中定义元素的内容和结构为:

```
<! ELEMENT 元素名 (元素内容模型) >
```

例如,在DTD的第1行定义了XML文档的根元素publisher。它有4个子元素,其中library是必需的,只能出现一次,其他3个都是可选的。第2行定义了元素book,它包含3个子元素,子元素title、price能且只能出现一次,而author可以出现一次也可以出现多次,并且这 3 个子元素只能按照这个固定的顺序出现。

DTD 中定义属性时,其格式如下:

<! ATTLIST 元素名(属性名属性类型默认声明)* >

其中,元素名是指它所属元素的名字,属性名是指对所属属性的命名,属性类型是指该属性具体属于哪一种类型,该类型必须是有效的属性类型,XML 文件中有些属性是可以省略的,因为它可能具有默认值,默认声明就是用来说明该属性是否能够省略以及它的默认值是什么。默认声明分为 3 种,分别是:#REQUIRED,表示该属性在 XML 文件中不可以被省略;#IMPLIED,表示该属性是可以被省略的在第 3 行中,定义了 phone 元素的属性 number,其类型是 CDATA,即纯文本,它是由字符、小于号'<'、符号'&'和引号“"”组成的字符串,该语句表示 number 属性的值是一个经过语法分析的字符数据。后面的#IMPLIED 表示方法解释器不强行要求在 XML 文件中出现该属性。有了该 DTD,阅读符合该 DTD 的 XML 文档的人员以及对它进行语法分析的语法分析器就可以描述出版物的信息的文档结构了。

2) DTD 在 XML 文档中的使用

最简单的使用 DID 的方法是 XML 文件的序言部分加入 DTD 描述,其位置紧接在 XML 声明之后,这实际是定义了一个内部的 DTD。一个内部 DTD 的例子如下[4]:

```
<! DOCTYPE telephone[
<! ELEMENT telephone(phone * ) >
<! ELEMENT phone(title,price,type + ) >
<! ATTLIST phone number CDATA#IMPLIED >
<! ELEMENT type(name) >
<! ATTLIST typeid ID #REQUIRED >
<! ELEMENT title (#PCDATA) >
<! ELEMENT price (#PCDATA) >
<! ELEMENT name (#PCDATA) > ] >
<telephone >
<phone number ="123456789" >
<title > ZTE V880 < /title >
<price >1028 < /price >
<type id ="android" >
<name >android 2.2 < /name >
< /type >
< /phone >
< /telephone >
```

如果为每一个 XML 文件加入一段 DTD,那相当繁琐,因此,通常为一批 XML 文件定义一个相同的 DTD。XML 规范提供了解决这一个问题的方法——外部 DTD。它将 DTD 和 XML 文档分离,把 DTD 存储在一个后缀为“.dtd”的文件中,就可以被多个 XML 文件所引用。这样简化了输入,而且对 DTD 进行改动时,不用一一改变每一个引用它的 XML 文件。如果将上例的 DTD 存为“pub.dtd”,那外部引用这个 DTD 的 XML 文档为:

```
<? xml version ="1.0"? >
<! DOCTYPE telephone SYSTEM “pub.dtd” >
<telephone >
<phone number ="12345678" >
.....
</phone >
</telephone >
```

4. XML Schema 简介

1) DTD 存在的问题

DTD 是 XML 继承 SGML 而形成的一种标准,SGML 是专为描述性文档(如网页、报告、宣传资料、技术手册、书籍等)而设计的,它是定义电子文档结构并且描述其内容的国际性标准语言。它已经能够很好地满足这类文档的需求,但是 XML 超过了 SGML 的使用范围。XML 可以用于远程过程调用,例如用于股票基金交易等。在很多看上和传统的描述性无关的文件格式中,例如图形文件格式,DTD 就显示出了它的局限性,无法很好地满足这些新的应用领域的需求。

DTD 所面临的第一个问题是:DTD 没有足够的数据类型定义能力,对元素的内容的定义更是无能为力。在 DTD 中,所有的内容都是基于字符串的,因此无法将 phone 的 number 表示为一个数字字符串,也无法将 year 表示为一个四位数字。上面两种应用场景对于 SGML 所处理的描述性文档而言一般不会遇到,但是要想进行客户终端之间的信息交换,需要一些通信协议,涉及数据格式的约定是很常见的情况。

DTD 所面临的第二个问题是:DTD 的定义不符合 XML 的语法规范。比如下面这个 DTD 元素的定义:

```
<! ELEMENT title (#PCDATA) >
```

这并不是一个合法的 XML 元素,它采用的是不同于 XML 文档对元素描述的方法,这无疑给文档的处理带来了麻烦。这给 XML 提出了更高的要求,希望它具有能够描述其自身的能力,这样就不需要用 DTD 的语法来描述有关的信息结构和元素信息。

DTD 所面临的第三个问题是:DTD 扩展能力有限,只能进行有限的扩展,且扩展效果不理想。

DTD 所面临的第四个问题是:DTD 无法对 XML 文档作出细致的语义限制,它的约束能力很有限。在 DTD 中符号?、+ 、* 分别指零或一个、一个或多个、零或多个。但是如果有更具体的约束,如 1 ~ 8 个,DTD 是无法做到的。另外,要表达小数的精确位数也很难。

DTD 所面临的第五个问题是:DTD 重用的代价非常高,它的结构化程度很低。

2）XML Schema 的优点

XML 模式(XML Schema)试图解决所有 DTD 的不足。XML 模式的功能包括:

(1) 强大且丰富的数据类型;

(2) 基于命名空间的 URI 的有效性验证;

(3) 良好的可伸缩和可扩展性;

(4) 可重用性。

但是 XML 模式不能解决所有的问题。特别是模式不能替代 DTD,可以对同一个文档使用 XML Schema 和 DTD。DTD 可以进行 XML Schema 不能进行的操作。当然 DTD 非常适用于最初设计时针对的经典的描述性文档;而且对于这种类型的文档,DTD 比相应的 XML Schema 要容易编写。解析器和其他软件只要支持 XML 就会继续支持 DTD。

在 XML 模式诞生之前,已经有 4 种模式语言面世,它们分别是:文档内容描述(Document Content Description, DCD), XML 数据简化(XML data reduced, XDR),简单 XML 概要(Simple Outline XML, SOX)和文档定义标记语言(Document Definition Marku PLanguage, DDML)。上述 4 种语言,虽然在功能和完整性上有些过时,但是它们是 XML 模式的起点。W3C 在 1998 年开始制定 XML 模式的版本 1.0,直到 2001 年 5 月才由官方正式推出。

XML Schema Part 0:Primer。这是针对 XML 模式的非标准介绍,它提供了大量的实例以及说明。

XML Schema Part 1:Structures。大部分 XML 模式的组件都在这部分描述。

XML Schema Part 2:Datatypes。这部分主要介绍了一些简单的数据类型,并解释了内置的数据类型和胜于限制它们的方面。

XML Schema 的例子:下面是一个 XML 文档。

```
<? xml version = "1.0" ? >
<note >
<to >Virgo < /to >
```

```
<from>Hu Weiting</from>
<heading>Reminder</heading>
<body>Don't forget my present! </body>
</note>
```

下面是关于这个文档的 XML Schema 的描述。

```
<?xml version="1.0"? >
<xs:schema xmlns:xs="http://www.w3c.org/2001/XML Schema"
targetNamespace="http://www.uestc.cdu.cn"
xmlns="http://www.uestc.edu.cn"
elementFormDefault="qualified">
<xs:element name="note">
<xs:complexType>
<xs:sequence>
<xs:element name="to" type="xs:string"/>
<xs:element name="from" type="xs:string"/>
<xs:element name="heading" type="xs:string"/>
<xs:element name="body" type="xs:string"/> </xs:sequence>
</xs:complexType>
</xs:element>
</xs:schema>
```

显示 XML Schema 中用到的元素和数据类型都来自于命名空间 w3c. org/2001/,同时它还规定了来自该命名空间的元素和数据类型都使用 xs:作为前缀。

第 3 行显示被此 schema 定义的元素(note,to,from,heading,body)来自命名空间 http://www. uestc. edu. cn。

第 4 行显示指出默认的命名空间是 http://www. uestc. edu. cn。

第 5 行指出任何 XML 实例文档所使用的且在此 schema 中声明过的元素必须被命名空间限定。

第 7 行是简易元素的定义。在 XML Schema 中定义一个简单元素的方式为 <xs:element name="xxx" type="yyy"/>,其中 xxx 指元素的名称,yyy 指元素的数据类型。XML Schema 拥有很多内建的数据类型,如 xs:string,xs:decimal,xs:interger 等等。

第 8 行是复杂元素的定义。复杂元素指包含其他元素及或属性的 XML 元素。之后的子元素 to,from,heading,body 被包围在指示器 <sequence> 中,表示子元素必须以它们被声明的次序出现。

XML Schema 还有很多的标准和元素、类型定义,这在里就不详细说明了。

1.2.3 XML 树状结构

首先由于 XML 为一树状结构的数据模型,所以我们可以将 XML 视作为一棵树。在 XML 文件中的每个元素都可视为树中的一个节点,而每个节点都有个标记名称(tag name),即为原本在 XML 文件中此元素的标记名称。且在此假设只有在叶节点才有数值(value)。

例:一个简单的 XML 文件[5]。

```
<? xml version ="1.0" ? >
<publisher >
<library >UESTC Library < /library >
<book year ="2009" >
<title >XML Technology Concepts < /title >
<price >59.9 < /price >
<author id ="101" >
<name >Michael Fitzgerald < /name >
< /author >
< /book >
<book year ="2009" >
<title >Ontology Based XML Information Technology < /title >
<price >18 < /price >
<author id ="103" >
<name >Gu Jinguang < /name >
< /author >
< /book >
```

XML Tree:给定一份 XML 文件,则 XML Tree 为一个树 XT(N,E),其中 N 是节点(Node)的集合,E 是边的集合。每个 XML Tree 的节点记录了标记名称(tag nam)或是值(value),且将属性视为此节点的下一个子节点。每个 edge 表示了此两节点之间的双亲——孩子关系。XML Tree 表示了此份 XML 数据,包括它的结构(structure)及值(value)。

1.2.4 XML 查询语言

XML 查询通常应该包括:

(1) 对于元素的内容选择,它是通过查询元素内容或者是属性的取值是否符合要求而得出结果,成为查询。

(2) 对于路径表达式的查询,它是通过文档中标记的各元素之间的结构关系来进行查询,称为结构查询。

近年来,XML 的应用越来越广泛,对于 XML 数据的查询,也提出了很多种 XML 的查询语言。比如 Loerl,XML - QL,XML - GL,XQL,XSLT,QuiAproxML 和 XQuery 等,其中 XQuery 是 W3C 最新提出的一种 XML 查询语言标准,它集合了其他多种 XML 查询语言的优点,现已成为公认的 XML 查询语言标准。XPath 是 XQuery 的一个核心组成部分。

1. XPath 介绍

XPath 是 W3C 所创建,在 W3C 公布的规范中,对 XPathl.0 进行如下描述:

"XPath 1.0 是致力于为 XSLT 和 XPointer 的公共功能提供一种共同的语法和语义的结果。XPath 的主要目的是对一个 XML 文档进行寻址。为了支持这个目的它也为操纵字符串、数值和布尔值提供了一些基本功能。XPath 使用一种紧凑的非 XML 的语法,以方便在 URI 和 XML 属性值中使用 Xpath。XPath 在 XML 文档的一个抽象、逻辑结构上进行操作,而不是在它的表面语法上。XPath 因为使用类似于 URL 的路径表示法,在一个 XML 文档的层次结构中进行导航而得名。除了用来寻址外,XPath 也被设计为包含一个能够用于匹配(测试一个节点是否与一个样式匹配)的自然子集,XPath 的这种用法定义在 XSLT 的规范中。"

目前 XPath 已经发展到 XPath 2.0 版本。

在 XPath 中,它的基本要素与 XML 组成要素相互对应,具体如下:

(1) 文档节点,XML 文档树的节点对应文档节点。除此之外,文档节点不再出现 XML 文档的根元素节点是文档节点的孩子。文档节点的孩子节点包括出现在 XML 文档的元素之前(即序言中),以及根元素之后的处理指令和注释(处理指令节点及注释节点)。

(2) 元素节点,在 XML 文档中,每一个元素都可以在 XML 文档树中找到其对应的元素节点,元素节点的孩子可以包括注释节点、元素节点、属性节点、处理指令节点、其内容的文本节点及命名空间节点。不管是内部还是外部实体的实体引用,甚至字符引用都被扩展和分解。

(3) 属性节点,对于每一个元素节点来说,它都有和它相关联的属性节点集。元素节点是它的每一个属性节点的父节点。在 W3C 的 XML 规范中,属性节点的字串值是一个规范化的值。

(4) 命名空间节点,命名空间节点是在 XML 文档中声明的,并且在其父节点有效的每个命名空间的前缀(包括 XML 命名空间建议隐式地声明的 XML 前缀和默认的命名空间。每个元素节点都有相关联的命名空间节点。命名空间节点的父节点都是元素节点。命名空间节点的字串值是命名空间前缀所绑定的命名空间 URI:如果它是相对的,则必须被解析。

(5) 处理指令节点,每个处理指令都对应于一个处理指令节点(但是文档类型声明中出现的处理指令不包括在内)。处理指令节点的字串值是处理指令的内容,不包括起始的" <?"和结尾的"? >"。

(6) 注释节点,每条注释都会对应一个注释节点(但是文档类型声明中的注释除外)。注释节点的字串值是注释的内容,不包括起始的" <! - - "和结尾" - - >"。

(7) 文本节点,文本节点的内容是一个字符串数据,两个文本节点不可能相邻,文本节点包含尽可能多的字符串内容。文本节点的值就是字符串数据。

XPath 希望在匹配 XML 文档树结构的时候能够精确定位到特定的节点元素上,然后完成 XQuey 的功能。XPath 遵循下面的匹配规则:

(1) 条件匹配。XPath 会利用一些算法函数进行匹配,函数的结果是布尔值,通过得到的这些布尔值找到符合条件的节点。

(2) 路径匹配。路径匹配的原理和文件路径查找的原理相似,主要进行下面的操作:

用"/"来表示节点间的父子关系。比如:/E/F/G/H 表示 E 的字节点是 F,的字节点是 G,G 的字节点是 H。/E 表示根节点。而" * "表示通配符。如:"E/F/G/ * ",表示 G 元素下的所有子元素。另外用"//"来表示节点之间的祖先和后代的关系。比如://D 表示所有在 XML 文档树中出现的 D 元素节点。而"A//E"则表示 XML 文档中所有以 A 为祖先节点的 E 元素节点。

(3) 亲属关系匹配,在 XML 文档中,XML 可以表示为一棵 XML 文档树,所以每一个节点都是树状结构中的一个节点,不可能孤立,它们之间存在亲属关系。如父子、兄弟关系,祖先与后代等。可以利用上述关系来对元素进行匹配。位置匹配:对于文档树上的每一个元素节点而言,它的各个子元素节点都是有序的。比如:"/E/F/G[1]"表示 E 元素节点_ >F 元素节点_ >G 元素节点的第 1 个子元素节点;"/E/F/G[position() >1]"表示 E 元素节点_ >F 元素节点_ >G 元素节点以下的 position 属性值大于 1 的元素节点;"E/F/G[last]"表示 E 元素节点_ >F 元素节点_ >20 元素节点的最后一个子元素节点。在 XPath 中,利用属性接属性值来匹配元素节点是常见的应用场景之一。但是一定要在属性名前加上前缀"@"。比如"//A[@ VALUE = "e"]"表示 VALUE 值为 e 的 A 元素节点。

2. XQuery 简介

XQuery 也是为 W3C 组织所创建。W3C 规范对 XQuery 进行了描述。XML 是一种能够标记多种不同数据源的信息内容(包括半结构化和结构化文档、对象库和关系数据库等)的通用标记语言。基于 XML 结构的一种只能查询语言,不管数据是通过中间件被看成是 XML 还是数据物理存储在 XML 中,都能够所有基于这些数据的查询。这就是 XQuery 查询语言,它能够在多种 XML 数据源中广泛地得到应用。

查询语言 XQuery 起源于 XML 数据查询语言 Quilt,是一种专用于处理 XML 格式数据的语言,拥有 xPath 2.0 子集。XQuery 语言综合了其他多种查询语言的优缺点,具有强大的查询能力,能够处理多种类型的 XML 数据以及可以用于数据库的查询检索。值得一提的是,除了查询能力强大,在使用上 XQuery 也具有灵活而容易实现的特点。

XQuery 的核心之一是 FLWR 表达式。该表达式具有 3 种典型的操作:过滤选择、模式匹配和结果构造。FLWR 语句和 SQL 语句类似,功能也类似,但用其创造的查询比 XPath 语句更自然。FLWR 是一种能按照实际需求查询的表达式。FLWR 表达式代表的含义是"For - Let - Where - Return"。FLWR 的另外一种新形式是 FLWOR,添加字母"o"是因为最新的标准中新加入了 order by 语句。在 XSL 中难以处理的问题通常可以用 FLWOR 表达式来处理。FLWR 采用了迭代的方式并且转么为处理多文档的链接和重构数据提供了绑定变量到利用中间结果的方法。FLWOR 表达式中最长出现的是 for 子句、let 子句,以及可以选择的 where 子句、order by 子句和 return 子句。其中每个子句的功能为:FOR 子句可以绑定节点和变量,然后对每一个节点使用循环遍历;let 子句作为变量的赋值语句,也可以将序列赋予变量;return 子句用于定义每个元组的返回内容;而 where 子句根据表达式的布尔值的真假,判定保留元组并绑定变量于 return 子句中或者放弃元组。

下面通过一个 XQuery 实例来进一步说明 XQuery,对于如下 XML 文件:

```
01 for $p in document("publisher。xml")
02 /book
03 where $p/author/name = "Michael Fitzgerald/Gu Jinguang"
04 return $p/price
```

其返回的结果是:

```
05 <price>59.9</price>
06 <price>18</price>
```

第 01 行与 02 行为 for 语句指定了文件的所在位置,及其所要依序处理的元素为文件中"/book"的每个 book,并将它指定为变量 p。第 03 行的 where 字句则是对变量 p 所指定的元素进行进一步的限定,限定 p 下面的"/author/name"内容必须为 Michael Fitzgerald 或者 Gu Jinguang,最后在 return 叙述句中指定了所要回传的元素为 price。而此查询句所返回的结果如第 05 和 06 行所示。此外,在 XPath 中只能定义一个回传元素,而 XQuery 中可以选择回传多个元素。

1.2.5 XML 工具

XML 工具包括分析工具、浏览工具、编辑工具等。XML 分析器承担着对 XML 文档处理的第 1 道处理工序,它将 XML 文档中的数据提取出来,组织成树状结构,再送到应用处理程序、浏览器等后期工序中去。

1. 分析器

分析器分为两类:

(1) 支持有效性检查的分析器。此类分析器在检查文档是否符合“格式良好的”基本要求的基础上,进一步结合 DTD 检查文档是否符合 DTD 中对文档结构的规定,判定这个文档是否是“有效的”。分析器必须读入并分析出整个 DTD,外加 XML 文档中所有的外部已分析的实体引用。并报告出文档与 DTD 声明相冲突的地方,以及不满足 DTD 有效性约束的地方。

(2) 不支持有效性检查的分析器。这一类分析器只负责检查 XML 文档是否满足格式良好的语法规定,包括 XML 文档中内含的内部 DTD 文档是否满足格式良好的规定。此类分析器不会对 XML 文档所引用的外部 DTD 文档进行分析,进而检查 XML 文档的有效性,但对于出现在 XML 文档内部的 DTD 子集,却仍旧需要进行部分分析,因为在对格式良好的文档进行分析时需要使用内部 DTD 声明中的信息,包括使用内部实体替换正文、提供缺省属性值等。

无论是哪一类分析器,都要求检测文档或已分析实体是否有与格式良好的 XML 文档定义相互冲突的地方。

目前,一些大的公司,如 Microsoft、IBM、DataChannel、Textuality 等都开发了自己的 XML 分析器。其中首推的当属 IBMX ML4J。IBM 公司的 XML4J 完全是用 Java 开发的,它是功能比较全面且支持有效性检查的 XML 分析器之一。

Xerces 是 Apache 软件基金会的 XML 项目的一部分,它分别使用 Java、C++ 和 Perl 编写了 XML 的分析器,也支持有效性检查。使用 Java 编写的 XML 分析器被称为 Xerces-J。使用C++编写的 XML 分析器被称为 Xerces-C 或 Xerces-C++。

Xerces 的前身是 IBM 的 XML 项目,其中 XML4C 和 XML4J 是两个并列的项目,而 XML4J 是 Xerces-J 的前身。IBM 将这两个项目的源代码让与 Apache 软件基金会,Apache 软件基金会将其分别改名为 Xerces-C++ 和 Xerces-J。这两个项目是 ApacheXML 项目组的核心项目。

Oracle 的 XML 分析器同样是使用 Java 编写,它支持通过 SAX 或 DOM 进行 XML 文档的语法分析,可以选择是否对文档的有效性进行检查。Oracle 在用于

Java、C、C++和PL/SQL的XML开发者工具箱(XML Developer's Kits,XDK)中提供了XML分析器。每个分析器都是独立的XML组件,这些组件分析XML文档(或独立的DTD),以便应用程序能够对其进行处理。分析器支持DOM(文档对象模型)和SAX(XML的简单API)接口、XML命名空间、验证和非验证模式以及XSL转换。在所有Oracle平台上都可以获得这些分析器。

微软XML分析器已经内嵌入IE4和IE5及以上版本,它的发布实际上早于XML 1.0版本的最终颁布。MSXML支持一般的语法检查,但同时也提供有效性检查供选择,它利用Java将一个XML文档中的数据组织为树状结构。MSXML的最新版本为MSXML 4.0 Service Pack 2(Microsoft XML Core Services)。

JDOM是一个开源项目,它基于树状结构,利用纯Java的技术对XML文档实现解析、生成、序列化以及多种操作。JDOM直接为Java编程服务。它利用更为强有力的Java语言的诸多特性(方法重载、集合概念以及映射),把SAX和DOM的功能有效地结合起来。在使用设计上尽可能地隐藏原来使用XML过程中的复杂性。利用JDOM处理XML文档将是一件轻松、简单的事。

JDOM在2000年由Brett Mc Laughlin和Jason Hunter发布,以弥补DOM及SAX在实际应用当中的不足之处。这些不足之处主要在于SAX没有文档修改、随机访问以及输出的功能,而对于DOM来说,Java程序员在使用时总觉得不太方便。DOM的缺点主要是来自于DOM是一个接口定义语言(IDL),它的任务是在不同语言实现中的一个最低的通用标准,并不是为Java特别设计的。

DOM4J是dom4j.org出品的一个开源XML解析包,它的网站中这样定义:DOM4J是一个易用的、开源的库,用于XML、XPath和XSLT。它应用于Java平台,采用了Java集合框架并完全支持DOM、SAX和JAXP。虽然DOM4J代表了完全独立的开发结果,但最初,它是JDOM的一种智能分支。它合并了许多超出基本XML文档表示的功能,包括集成对XPath支持、XML Schema支持以及用于大文档或流化文档的基于事件的处理。它还提供了构建文档表示的选项,它通过DOM4 JAPI和标准DOM接口具有并行访问功能。

为支持所有这些功能,DOM4J使用接口和抽象基本类方法。DOM4J大量使用了API中的collections类,但是在许多情况下,它还提供一些替代方法以允许更好的性能或更直接的编码方法。直接的好处是,虽然DOM4J付出了更复杂的API的代价,但是它提供了比JDOM大得多的灵活性。

2. 浏览器

浏览器主要有Internet Explorer和Mozilla Firefox。

1) Internet Explorer(IE)浏览器

IE浏览器是Micorsoft公司开发的Web浏览器,是当今两大主流浏览器之一。IE 最先支持 XML,支持命名空间,并在 IE 5.0 开创了 XML + CSS、XML + XSL 的 Web 浏览方式,使得浏览 XML 网页终于梦想成真。IE 版本升级到 6.0 后,其对 XSLT 1.0 标准提供完全的支持。

IE 可以直接加载不包含样式信息的 XML 文档。这时,浏览器将显示外观良好的树状结构,并带有小小的 +/- 图标,点击图标,可以将子树隐藏或展开。实际上这就是 IE 的缺省样式单。通过缺省样式单,可以快速查看别人的 XML 文档,并能获得对 XML 文档的内容和结构的感性认识。

IE 本身是不支持 XML 文档的有效性检查的。为此,微软还提供了一个称为 IE Tools 的插件,安装这个插件后,在 IE 的右键菜单中就增加了 Validate XML 和 View XSL Output 两个功能菜单。IE 自身不支持 SVG 格式文件的显示,如果需要使用 IE 显示 SVG 格式文件,必须用户自行安装 Adobe 公司提供的一个 SVG 浏览器插件 SVG Viewer。

2) Mozilla Firefox 浏览器

Mozilla Firefox 浏览器是由 Mozilla 基金会(Mozilla Foundation)旗下主推的一款 Web 浏览器。Mozilla 基金会起源于原来的网景公司内部的一个称为 Mozilla 组织。网景公司的著名 Web 浏览器 Net Scape Navigator 在其公司内部一直都被称为 Mozilla,后来由于和微软公司的 IE 浏览器竞争失败,网景公司关闭,将所有业务转给非盈利的 Mozilla 组织,并最终建立 Mozilla 基金会。

Firefox 是一种相对较新的 Web 浏览器,目前是基于 Mozilla 平台的最流行的浏览器。它的成长速度异常快速,并且它是开放源码软件取得成功的代表。Firefox 承诺为 XML 开发人员提供完善的 Web 浏览器,帮助推动在 Web 上发展缓慢的客户端 XML 特性的采用。必须要记住,目前很多 Web 技术的发展,包括 Firefox 浏览器特性的发展,都使得 Web 浏览器逐渐发展为完整的专用应用程序开发平台,而不再是简单的 Internet 浏览工具。Firefox 不支持 DTD 验证或其他任何验证技术,如 W3C XML Schema(WXS)或 RELAXNG。

Mozilla 系列的浏览器一向都对 CSS 技术具有良好支持。Firefox 支持 CSS2 的大部分内容,并对 CSS3 提供了更多支持。虽然 CSS3 目前仍处在 W3C 工作草案阶段,但是因为 CSS3 采纳了 Web 开发人员迫切需要解决的很多问题,包括对 XML 结构更好的支持,所以,Firefox 对 CSS3 的支持是很有价值的。

Firefox 提供可缩放向量图形(SVG)的自身支持,不过只是对 SVG1.1Full 的一个子集的支持。相对于其他的浏览器而言,Mozilla Firefox 是对 SVG 支持力度最大的一款浏览器了,无需安装 SVGViewer 插件就能显示 SVG 格式文件。

Mozilla Firefox 全方面地支持 XML 相关标准,包括支持 CSS、XSLT、命名空间、Xlink、Xpoint、MathML、Xform 以及部分 SVG 等标准及规范,并因为其对 DOM

有很好的底层支持,而使得 XML 变得真正可用。

3. 编辑器

XML 常用的编辑器有:XMLWriter,XMLSpy,eXcelon Stylus,xsl:easy 可视化 XSL 编辑器等。

(1) XMLWriter 编辑器是 Wattle software 公司开发的 XML 编辑软件,该软件主界面同 Visual studio 非常相似,可以对 XML 文档进行编辑,将不同的元素用不同的颜色区分开来,但不支持所见即所得。其页面的浏览只能用专用的浏览器(外挂式浏览器方式)。因而,它只是一个功能强大的编辑器。

XML Writer 比较有特色的功能有"Load TagBar"、"Validate XMLFile"和"Convert Using XSL"。第一个功能用于从 DTD 文件中提取标记,第二个功能用于验证 XML 文档的有效性,最后一个功能用于将 XML 和 XSL 文档转换成 HTML 文档。

XML Writer 的其它功能还有给 XML 文档定义 CSS 样式、支持 XQL 等。另外,XML Writer 还提供了集成开发环境 IDE,面向项目管理。

(2) XML Spy 编辑器是 Icon Information Systems 公司的产品。XML Spy 在功能上较 XML Writer 有所提高,也提供集成开发环境 IDE,但仍不支持所见即所得。它支持 Unicode、多字符集,支持 Well - formed 和 Validated 两种类型的 XML 文档。可编辑 XML 文档、DTD、Schema 以及 XSLT。

XML Spy 可支持如下几类 schema 的编辑与有效性检查:

- Document Type Dennitions (DTD)
- Document Content Descripljon 5 (DCD)
- XML—Data Reduced (XDR)
- BizTalk
- XML Schema Dennlhon (XSD) 2000 年 4 月 7 日草案

XML Spy 的最大特点是提供了 4 种视窗:XML 结构视窗、增强表格视窗、源代码视窗、支持 CSS 和 XSL 的预览视窗。

Visual XML 由 Pierre Morel 开发。Visual XML 具有一个友好的开发环境,支持拖拽,能够以树状结构显示 XMI、DTD 和 DOM 文档;实现同数据库的集成,并可通过 Wizard 方式进行数据库的浏览、SQL 语句和存储过程的创建和执行;以图形界面实现 XML 元素同数据库对象的绑定,同时创建 XML 文档和 DTD 文档;支持多种数据库,如 Oracle、Access、SQL Server、Informix、Sybase 和 DB2。

(3) 还有 eXcelon Stylus、xsl:easy 可视化 XSL 编辑器等。

由于 XML 文档是不依赖于任何特定平台的文本文档,所以,必要时"记事本"之类的任何纯文本编辑器都可以临时用来编辑修改 XML 文档。

1.2.6 XML 在 IETM 中的应用

在 IETM 诸多标准中,由欧洲航宇与防务工业协会(ASD)发布的 S1000D 国际规范受到越来越多业内人士的关注和认可,目前在业界有着广泛的应用。S1000D 国际规范推荐采用 XML 来描述装备的技术数据,而且对 XML 格式数据所使用的标记进行了详细的规范。

通过对 XML 的特点分析可以看出,XML 及 XML Schema 能够很好地满足 IETM 对信息描述与处理应用的需求。S1000D 2.1 版建议描述语言采用 XML(替代 SGML),S1000D 4.0 版中规定采用 XML Schema 代替 XML DTD。现有 IETM 信息描述语言主要采用 XML,世界各国近些年的主要精力是完善、统一数据模块种类、标签及其相关含义,以便实现装备技术信息的最大限度重用。

IETM 开发中数据量庞大,通过 XML 与关系数据库结合,处理基于 S1000D 国际规范的技术数据,既能保证 IETM 中技术数据的平台无关性,又能保证这些技术数据的安全性。根据 S1000D 国际规范中所描述的 XML 文档的结构特点,可以实现独立于模式(XML Schema)的 XML 文档存储方法,建立了 XML 与关系数据库的映射关系,实现 IETM 开发中所有格式良好的 XML 文档与数据库之间的数据转换。

第 2 章 XML 的基本语法

任何一门语言都有自己特有的规定性,这种规定性在语言的具体应用中就表现为语法。XML 作为一种新兴的标记语言,当然也有自己的语法,“简单、严格”概括了其语法特点。简单是指用户在编写 XML 文档时,只需遵守很有限的语法规则;严格则是说必须遵从 XML 的语法规则,否则编写的 XML 文档将不能被处理。XML 是比现在的 HTML 更具有智能性的一种语言。XML 几乎没有预先定义好的标记和属性,XML 允许自己定义所需要的标记和属性。但这些标记的创建也不是完全随意的,也要遵守 XML 特定的规则与语法,而且还要保证编写的 XML 文档具有良好的结构。结构良好的 XML 文档,通常是指没有语法错误的 XML 程序。这里所说的结构良好,就是指满足所有语法限制。

本章重点介绍 XML 的一些术语和基本语法,目的是使读者在制作装备 IETM 时能正确使用 XML。

2.1 XML 文档的数据结构

XML 的特点和优越性是由其特殊的数据结构决定的。只有理解了 XML 文档的结构,才能更好地应用 XML 技术。XML 文档的数据结构是树状结构,相当于原来的层次型数据库系统。

层次型数据库系统(Hierarchical Database System,HDBS)是以记录型为基本的数据结构,在不同记录型之间允许存在联系,层次模型在记录间只能允许单线联系。

在层次模型中,记录型包含若干个字段,字段描述的是实体的属性。各个记录类型及其字段必须命名,各个记录类型、同一记录类型中各个字段不能同名。每个记录类型可以定义一个排序字段,也称为码字段,如果定义该排序字段的值是唯一的,则该值能唯一地标识一个记录值。

在层次模型中,使用节点表示记录,每个节点表示一个记录类型,记录(类型)之间的联系用节点之间的连线表示,这种联系是父子之间的一对多的联系。其限制条件为有且仅有一个节点无双亲,这个节点称为根节点。

层次模型的结构就像一棵倒栽的树,根节点以外的节点有且仅有一个父节点。这就使得层次数据库系统只能处理一对多的实体联系。

层次模型在理论上可以包含任意(有限)条记录型和字段,但任何实际的系统都会因为存储容量或实现复杂而限制层次模型中包含的记录型个数和字段的个数。

在层次模型中,具有相同父节点的子节点称为兄弟节点,没有子节点的节点称为叶节点。

层次模型中,节点都是包含若干字段的记录型,同一节点下不允许有相同的子节点,即兄弟节点不能相同,这是因为字段不能重复。而在 XML 文档中,有些节点是字段,有些节点是记录,同一层次中的兄弟可以相同,因为相对于父节点来说,它们代表着记录。

层次模型的优点主要是数据模型比较简单,实体间的联系固定,具有良好的完整性支持,部门或分类性数据的描述直观。层次模型的缺点是插入和删除操作的限制比较多,查询子节点必须通过父节点,不便于表示实际工作中非层次的数据。

图 2-1 所示的是层次模型的一个抽象实例。

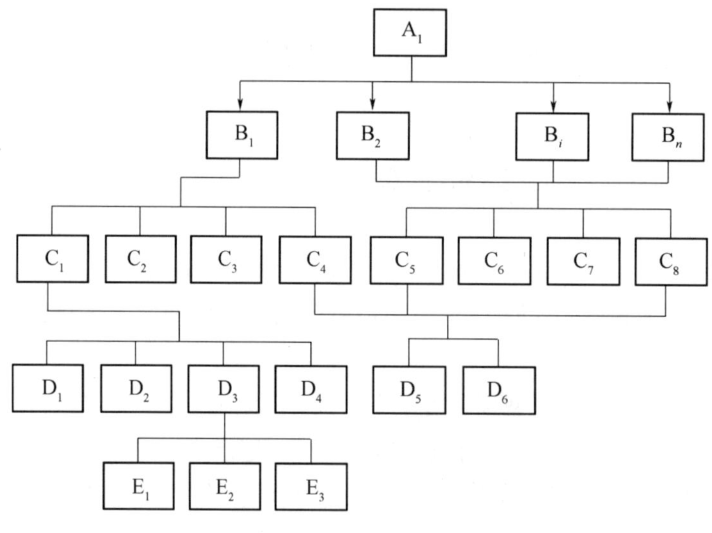

图 2-1　层次模型

如图 2－2 所示的是图 2－1 的一个具体的 XML 实例。

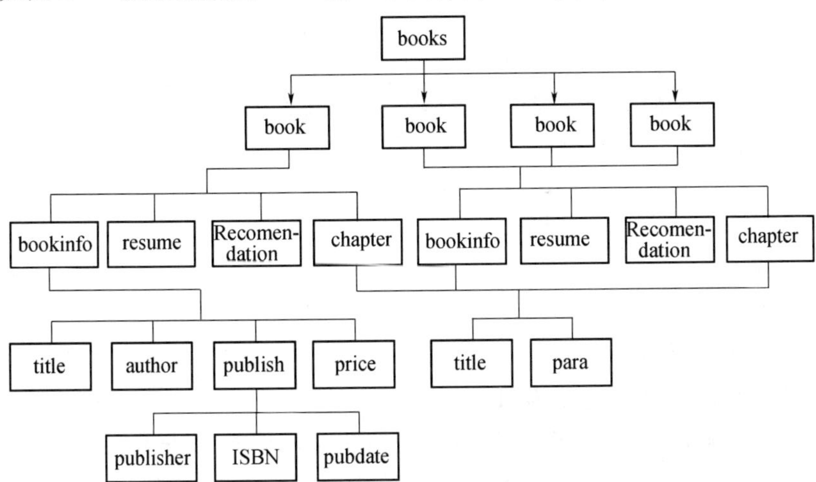

图 2－2　层次模型的 XML 实例

2.2　XML 文档的内容

这里首先给出一个简单的 XML 文档实例，然后，对照此实例对 XML 文档内容进行介绍。

以下是一段某型装备的“主离合器拆卸与安装”技术名称的 XML 文档片段：

```
<?xml version="1.0" encoding="GB2312" standalone="no"?>
<datamodule>
<idstatus>
<techname>主离合器拆卸与安装</techname>
</idstatus>
</datamodule>
<!--该实例为数据模块标识部分中一个片段-->
```

2.2.1　组成与声明

一个规范格式的 XML 文档应遵守 W3C 的标准要求，包括以下 3 个部分。

1. 序言

序言是 XML 文档的第一部分。序言包含 XML 声明、处理指令及注释，其中声明在 XML 文档中是必不可少，表明该文档是 XML 文档；处理指令提供 XML

分析程序,用于确定如何处理文档的信息;注释主要用于帮助读者对文档的理解和阅读。

XML 文档以序言开始,用来表示 XML 数据的开始,描述字符的编码方法,为 XML 解析器和应用程序提供配置线索,告诉浏览器或其他处理程序这个文档是 XML 文档。

XML 声明必须处于 XML 文档的第 1 行,前面不能有空白、注释或其他的处理指令。完整的声明格式如下:

```
<? xml version = "1.0" encoding = "GB2312" standalone = "yes/no" ? >
```

其中:

(1) version 属性不能省略且必须在属性列表中排在第 1 位,指明所采用的 XML 规范的版本号,此处值为“1.0”。

(2) encoding 为可选属性,指定了文档的编码系统,即规定了 XML 文档采用哪种字符集进行编码,常用的编码系统为 UTF - 8 和 GB2312。此处为“GB 2312”。

(3) standalone 为可选属性,如果值为 yes,则说明所有必需的实体声明都包含在文档中;如果值为 no,则说明需要外部的 DTD 或 Schema。

2. 主体

XML 文档的主体部分就是 XML 文档存储的有用数据部分。例如上例中的语句:

```
<techname >主离合器拆卸与安装 < /techname >
```

3. 尾部

XML 文档尾部部分包括注释和处理指令。尾部部分对于 XML 文档来说不起任何作用,因为大多数的应用程序在文档根元素的结束标记(如例中为 </ datamodule >)处就结束了,不再对尾部进行任何处理。例如:

```
<! - -该实例为数据模块标识部分中一个片段 - - >
```

2.2.2 注释与处理指令

1. XML 文档的注释

任何成熟的计算机程序语言都必须有注释语句,对文档中其他形式的语句进行提示或说明。这是进行大型程序设计至关重要的一项要求,XML 文档也不例外。XML 协议规定对于这一类文本,XML 处理器可以忽略不计,也可以捕获注释的正文传给应用程序作为参考,但无论采取哪种方式,它至多只提供参考,永远不是真正的 XML 数据。注释用于对语句进行某些提示或说明,带有适当注释语句的 XML 文档不仅使其他人容易读懂、易于交流,更重要的是,它可以使用户自己将来对此文档方便地进行修改。注释可以在标记之外的任何地方添加。

XML 文档中的注释是以下列开始符号和结束符号界定的一行或多行代码。

```
<!--
…
-->
```

注释以“<!--”开始,以“-->”结束,两个界限符之间可以放任何想输入的字符。例如:

```
<!--该实例为数据模块标识部分中一个片段-->
```

在 XML 文档中使用注释时,要注意以下几个问题:

(1) 注释不可以出现在 XML 声明之前,XML 声明必须是文档的首行。下面的文档是非法的。

```
<--This is a bad document.-->
<?xml version="1.0" standalone="yes"?>
otebookComputerPrice>
The price is 22000
<NotebookComputerPrice>
```

(2) 注释不能出现在标记中,下面的写法是非法的。

```
<NotebookComputerPrice<!-- This is a bad document.-->>
```

(3) 注释中不能出现连续两个连字符,即“--”。下面的注释是非法的。

```
<!-- This is a bad document.--I know it-->
```

(4) 在使用一对注释符号表示注释文本时,要保证其中不再包含另一对注释符号。例如下面的注释是不合法的。

```
<!-- 一个 XML 实例
<!--以上是注释部分-->
-->
```

由于注释对文档起到了说明的作用,为了方便以后的阅读,希望 IETM 创作人员能养成一个及时在程序中添加注释的习惯。XML 文档应该内容清晰,便于人们阅读。尽管 XML 文档解析器通常忽略注释,但位置适当且有意义的注释可以大大增加文档的可读性和清晰程度。所以,XML 文档中不用于描述数据的内容都可以包括在注释中。

2. XML 文档的处理指令

处理指令是包含在 XML 文档中的一些命令性语句,用来给处理 XML 文档的应用程序提供信息,目的是告诉 XML 处理一些信息或执行一定的动作。也就是说,XML 分析器可能对它并不感兴趣,而把这些信息原封不动地传递给应用程序,然后由这个应用程序来解释这个指令,遵照提供的信息进行处理,或者再把它原封不动地传给下一个应用程序。而 XML 声明是一个处理指令的特例。例如,想要通知 XML 解析器某篇 XML 文档所使用的编码字符集,或是要通知 XML 解析器有关 XML 的版本信息等,都必须通过处理指令来实现。

所有的处理指令应该遵循下面的格式:

```
<? 处理指令名 处理指令信息? >
```

例如有关版本信息的声明指令:

```
<? xml version = "1.0"? >
```

其中,“ <?”和“? >”是开始和结束的界定符号,XML 是处理指令的命令名字;version 是命令中的属性,通常描述处理指令一个特定的细节;1.0 是属性的值,代表了对属性进行的某一方面的设定。总而言之,以上指令就是告诉 XML 解析器,该文档遵守 XML 1. 0 规范,应按照 XML1. 0 的要求来检查。一个结构良好的 XML 文档必须要包含有关版本的声明,而且有关版本声明的信息必须放在整个 XML 文档的第一行。

处理指令的目的是给 XML 解析器提供信息,使其能够正确解释文档内容,它的起始标识是“ <?”,结束标识是“? >”。

2.2.3 元素和属性

1. 根元素

根元素是 XML 文档的主要部分。根元素包含文档的数据以及描述数据结构的信息。如:

```
< datamodule >
…
< /datamodule >
```

根元素中的信息存储在两种类型的 XML 结构中,即元素和属性。XML 文档中使用的所有元素和属性都嵌套在根元素中。

2. 元素

元素是 XML 文档的基本构成单元,用于表示 XML 文档的结构和 XML 文档中包含的数据。元素包含开始标记、内容和结束标记。由于 XML 区分大小写,所以,开始标记和结束标记必须完全匹配。

元素可以包含文本、其他元素、字符引用或字符数据部分。没有内容的元素称为空元素。空元素的开始标记和结束标记可以合并为一个标记,例如:

```
< techname >… < /techname >
```

3. 属性

属性是使用与特定元素关联的对应“名称—值”的 XML 构造。其中包含的有关元素内容的信息并非总是用于显示，而是用于描述元素的某种属性。使用等号分隔属性名称和属性值，并且包含在元素的开始标记中。属性值包含在单引号或双引号中。

2.3　XML 标记

XML 是基于文本的标记语言，标记是 XML 文档中最基本的组成部分。下面详细介绍标记的定义、分类、规则及其意义。

2.3.1　标记的分类

XML 标记分为非空标记和空标记两种类型。

1. 非空标记

非空标记必须由开始标记与结束标记组成，两者之间是该标记的内容。开始标记形式为“<XX>”结束，结束标记形式为“</XX>”结束，这里的 XX 代表的是标记名称。

2. 空标记

空标记不包含任何内容，所有的信息全部存储在属性中，而不存储在内容中。其完整语法为：

<标记名 属性列表/>

需要指出的是，在标识“<”和标记名之间不能有空格，但在标识“/>”的前面可以有空格和回车行。

2.3.2　标记的规则

XML 文档中，规范的 XML 标记有助于正确地描述数据，其规则如下：

(1) 标记名必须规范，必须以字母、下划线“_”或中文开头，而不能以数字开头，中间不允许有空格；

(2) 标记必须对应，每一个 XML 文档都必须有开始标记和结束标记；

(3) 标记对大小写敏感，XML 标记区分大小写；

(4) 标记必须合理地包含，在 XML 文档中不允许出现不合理的嵌套包含，即开始标记和结束标记要紧紧呼应。

1. 标记的命名规则

作为元标记语言，XML 可以在文档中创建、使用新的标记和文法结构。正是这种优点，使得用户能够根据自己的特殊需要制定出适用于自身的一套标记和文法结构，以便于结构化地描述自己领域的信息，从而提供一种处理数据的最佳方式。

XML 的可扩展性为开发者进行程序开发提供了自由广阔的空间,但并非所有名字都可以作为标记名。作为标记名字的字符串必须满足以下要求:

(1) 名称的开头必须是字母或"_";

(2) 标记名称中不能有空格;

(3) 名称的字符串只能包含英文字母、数字、"_"、"-"、"."等字符。

例如下面的标记就是合法标记:

<Name>、< name>、<_name>、<lisongtao_name>、<li.name>。

而下面的标记是非法的标记:

<.name>、<li% name>、<li*name>、<lilname>。

以上标记的命名规则同时也是后面要讲到的属性的命名规则,以及 XML 文档中其他实体的命名规则。

2. 标记的使用规则

1) 必须具有根标记,且根标记必须唯一

结构良好的 XML 应用程序的根标记必须要唯一。

[例 2.1] 根标记不唯一的 XML 文档,源程序代码如下所示。

```
<? xml version = "1.0" encoding = "gb2312"? >
<tankinfo>
        <name>×××坦克</name>
<address>沈阳军区某装甲团</address>
</tankinfo>
<tankinfo>
        <name>×××坦克</name>
<address>北京军区某装甲团</address>
</tankinfo>
```

该程序出错的地方是根标记不唯一。只要在两个标记的外面统一套一个标记<tank></tank>,程序就成为运行正常的 XML 文档了。

2) 开始标记和结束标记需配对使用

在 HTML 中,只有开始标记而没有结束标记的程序往往还能得到正确的显示结果,但在 XML 文档中这种情况是不允许存在的。

[例 2.2] 开始标记和结束标记不配对的 XML 文档,源程序代码如下所示。

```
<? xml version = "1 .0" encoding = "gb2312"? >
<tankinfo>
        <name>×××坦克</title>
```

```
<address>北京军区某装甲团</address>
</tankinfo>
```

该程序的问题就在于<name>标记和<title>标记不是一对开始和结束标记,这里只要将<name>改为<title>或将<title>改为</name>问题就解决了。

3）标记不能交错使用

所谓标记的交错使用,就是指如下情形的标记使用:

```
<tankinfo><name>ZTZ×××</tankifo></name>
```

此例中,标记</tankinfo>和标记</name>就是交错使用。在XML中这种标记的交错使用是非法的。应改成:

```
<tankinfo><name>ZTZ×××</name></tankinfo>
```

4）空标记的使用

所谓空标记指的是标记只有开始,没有结束,又叫孤立标记。这种标记有的表示一种格式信息,例如<hr>在HTML中代表了一条水平线,有的则保存一些数据信息。空标记可写成"<标记名/>"的形式。

5）标记对大小写敏感

HTML中并不存在大小写敏感问题,但在XML中相配对的标记大小写必须相同。

[例2.3]　标记大小写不匹配的XML文档,源程序代码如下所示。

```
<?xml version="1.0" encoding="gb2312"?>
<tankinfo>
  <name>×××坦克</name>
  <address>北京军区某装甲团</address>
</TANKINFO>
```

此例程序中</tankinfo>标记和</TANKINFO>标记被认为是两个不同的标记,因此<tankinfo></TANKINFO>被认为是两个不配对的标记。

2.4　XML元素

元素是XML内容的基本容器,可以包容字符数据、其他元素,以及其他标记(注释、PI、实体引用等)。大多数XML数据(除了注释、PI和空格)都必须包含在元素中。也就是说,XML文档的元素包含了真正的数据信息,整个文档的数据内容就是由各种元素按照一定的逻辑结构组织而成的。

2.4.1　XML元素的定义

元素对命名的信息加以标识,并使用标记标识元素的名称、开始和结束。元素还可以包含属性名称和值,提供有关内容的其他信息并指出这些信息的逻辑结构。元素以树状分层结构排列,可以嵌套在其他元素中。在 XML 文档中,元素也分为非空元素和空元素两种类型。XML 非空元素由开始标记、结束标记以及标记之间的数据构成。开始标记和结束标记用来描述标记之间的数据。标记之间的数据是元素的值。非空元素的语法结构是:

<开始标记>文本内容</结束标记>

XML 空元素不包含任何内容,其语法结构是:

<开始标记></结束标记>或<开始标记 属性=属性值/>

2.4.2 XML 元素的定义规则

XML 文档元素的定义规则主要包括:

(1) 元素名可以包含字母、数字和其他字符;

(2) 元素名不能以数字或标点符号开头;

(3) 元素名中不能以字母 xml 的任意形式(如 XML、Xml 等)开头;

(4) 元素名中不能包含空格;

(5) 自定义元素名。

除了上述规则之外,在使用自定义元素名时,还要遵守:

(1) 为了避免混乱,尽量少用"-"和".";

(2) 自定义元素名要言简意赅,用简短的词汇来表达希望说明的内容,例如:<book_title>是一个不错的名字,而<the_title_of_the_book>则显得罗嗦了;

(3) XML 文档往往都对应着数据表,应该尽量让数据库中字段的命名与相应的 XML 文档中的命名保持一致,以方便数据变换;

(4) 尽量使用英文字母来命名;

(5) 在 XML 元素命名中不要使用":",因为 XML 命名空间需要用到这个特殊的字符。

XML 元素是可以扩展的,它们之间有关联。XML 元素之间是父元素和子元素的关系。XML 元素有不同的内容。XML 元素指的是从该元素的开始标记到结束标记之间的这部分内容。XML 元素有元素内容、混合内容、简单内容或者空内容。每个元素都可以拥有自己的属性。

2.4.3 XML 元素的类型

元素是 XML 文档的主要内容,大多数 XML 数据都必须包含在元素中。根据元素是否包含有内容,XML 元素可分为非空元素和空元素两种类型。

1. 非空元素

绝大多数 XML 元素在起始标记和结束标记之间都包含有元素内容。元素内容称为数据或信息,它们可以是文本,也可以是子元素。起始标记和结束标记将文档的数据进行结构化组织,并确定元素的范围和相互关系(父子关系或兄弟关系)。

例如:非空元素。

```
<? xml version ="1.0" encoding ="gb2312"? >
<! - -非空元素举例- - >
<图书信息表>
<图书>
  <书名> XML 技术应用 </书名>
  <作者> 贾素玲 </作者>
  <定价>24.00 元 </定价>
</图书>
</图书信息表>
```

本例中,每个元素都有起始标记、结束标记和各自的内容,<图书信息表>是根元素。其中<书名>、<作者>和<定价>三个元素的内容是文本,它们是兄弟关系,<图书>元素虽然没有自己直接的文本内容,但它是上述三个元素的父元素,因而它们都是非空元素。

2. 空元素

空元素是指没有任何数据内容的元素,即在开始标记和结束标记之间既没有数据内容,也没有子元素。例如下面的元素:

```
<image> </image>
```

人们通常使用空元素的简写形式,即仅使用一个单独的标记,而在标记名称的后面添加一个斜杠“/”,其优点是既简洁又明确地指出该元素不应当有任何内容。例如上面的元素可简写为:

```
<image/>
```

空元素的常见应用是包含一个或多个属性。例如,下列“图书系列”为空元素,“丛书名”和“开精装”都是其属性 :

```
<图书系列 丛书名 ="国学大书院" 开精装 ="16 开,平装"/>
```

3. 混合型元素

在 XML 文档中,如果元素既有子元素又有自己的字符串内容,这种元素称为混合型元素,这种元素的内容称为混合型元素内容 。

例如:混合型元素

```
<? xml version ="1.0" encoding ="gb2312"? >
<! - - 混合型内容元素举例 - - >
<图书信息表>
```

```
<图书>
  新书基本信息:
  <书名> XML 基础教程</书名>
  <作者> 朱国华</作者>
  <定价> 24.00 元</定价>
  其他信息略
</图书>
</图书信息表>
```

本例中,<图书>元素就是混合型元素。原则上讲,混合型元素破坏了文档的高度结构化,不利于应用软件对 XML 文档的处理,在实际开发过程中应该尽量避免这种情况,所以本书不对这类元素及相关技术进行着重介绍。

2.4.4 XML 元素的嵌套

一个格式正规的 XML 文档被定义为一棵简单的层次结构树,有且仅有一个顶层元素,称为文档元素或根元素,其他所有元素都必须被包含在这个根元素中。下面的例子说明了这一事实 。

例如:图书信息表。

```
<? xml version="1.0" encoding="gb2312"? >
<! --文件名:图书信息表>
<图书信息表>
<图书>
  <书名>XML 技术应用</书名>
  <作者>贾素玲</作者>
  <定价>24.00 元</定价>
</图书>
<图书>
  <书名>计算机网络教程</书名>
  <作者>谢希仁</作者>
  <定价>26.00 元</定价>
</图书>
<图书>
  <书名>XML 程序设计</书名>
  <作者>栗松涛</作者>
  <定价>40.00 元</定价>
</图书>
</图书信息表>
```

本例中,根元素为 <图书信息表>,它有 3 个 <图书> 子元素。其中,每个 <图书> 子元素又包含 <书名>、<作者> 和 <定价> 共 3 个子元素,这些最里层的子元素只含有文本内容,没有子元素,称为叶子元素。所有元素共同组成一个树状结构,各元素间或是并列关系,或者是包含关系,没有出现交叉的情况。

XML 对元素有一个非常严格的要求:它们必须正确地嵌套。对于元素嵌套,规则如下。

(1) 根节点,一个格式正规的 XML 文档有且仅有一个根节点,称为文档的根。该根节点代表该文档本身,是一个 XML 文档的入口。根节点包含一个根元素。

(2) 一个包含其他元素的元素称为父元素,而直接包含在父元素之下的元素称为该父元素的子元素。

(3) 根元素是树中其他所有元素的父元素,XML 文档中其他所有元素都是根元素的后代。

(4) 子元素还可以包含子元素。

(5) 叶子元素,没有子元素的元素。

例如,下面两个元素的交叉嵌套格式就是错误的。

```
<图书>
<书名>XML 程序设计</图书>
</书名>
```

2.5　XML 属性

XML 允许为元素设置属性,用来为元素附加一些额外信息,这些信息与元素本身的信息内容有所不同。一个 XML 可以包含多个属性,从而存储一个或多个关于该元素的数据。

2.5.1　XML 属性的定义

属性必须由名字和值组成,且必须在标记的开始标记中声明,并用" = "赋予属性的值。其完整语法如下:

对于非空元素,属性的基本使用格式如下:

```
<开始标记属性名称 1 = "属性值" 属性名称 2 = "属性值"…> </结束标记>
```

例如:

```
<价格 货币类型 = "RMB" >20000 </价格>
```

对于空元素,属性的基本使用格式如下:

```
<空标记属性名称1 = "属性值" 属性名称2 = "属性值"…/>
```

例如：

```
<矩形 Width = "100" Height = "80"/>
```

使用属性来描述元素的特征，须遵守以下规则：

(1) 属性名的命名规则和元素的命名规则相同，可以由字母、数字、中文及下划线组成，但必须以字母、中文或下划线开头；

(2) 属性名区分大小写；

(3) 属性值必须使用单引号或双引号；

(4) 如果属性值中要使用左尖括号"<"、右尖括号">"及链接符号"&"等特殊符号时，必须使用字符引用或实体引用。

2.5.2 XML 属性的使用

那么什么时候使用属性？也就是说什么样的信息是元素或内容的"附加性"信息呢？对于这个没有明确的规定，一般来讲，具有下述特征的信息可以考虑使用属性进行表示。

(1) 与文档读者无关的简单信息。所谓"简单"，是指没有子结构。如<矩形 Width = "100" Height = "80"/> 中的"矩形"元素，其目的是向读者展示一个矩形，但矩形的大小与读者基本无关，而且其"宽"与"高"也没有子结构，在这种情况下，就可以将矩形的长、宽信息作为元素的属性。

(2) 与文档有关而与文档的内容无关的简单信息。如：

```
<文档 最后修改日期 = "2004/2/15"> …… </文档>
```

其实有些信息是既可以用元素表示又可以用属性来表示的，例如：

```
<学生>
    <学号>200120101 </学号>
    <姓名> 季慧奇 </姓名>
    <性别> 女 </性别>
    <班级>01 信管1 班 </班级>
    <出生年月>1985 -1 -2 </出生年月>
</学生>
```

也可以使用属性来重新表示如下：

```
<学生 学号 = "200120101"
性别 = "女"
班级 = "01 信管1 班 "
出生年月 = "1985 -1 -2"
> 季慧奇
</学生>
```

原来作为元素的学号、性别、班级和出生年月等信息变成了元素的属性，这样做完全符合 XML 的语法规范。但对于使用浏览器阅读文档的读者来说，可见的信息只剩下一个姓名了。那么在使用元素和使用属性都可以的情况下，到底使用哪一种方式更好、更准确呢？对于这个问题，XML 规则没有提供明确的答案，具体使用哪种方式完全在于文档编写者的经验。下面所介绍的只是基于经验的一般性总结，而不是规则。

(1) 在将已有文档处理为 XML 文档时，文档的原始内容应全部表示为元素；而编写者所增加的一些附加信息，如对文档某一点内容的说明、注释、文档的某些背景材料等信息可以表示为属性，当然前提是这些信息非常简单。

(2) 在创建和编写 XML 文档时，希望读者看到的内容应表示为元素，反之表示为属性。

(3) 实在没有明确理由表示为元素或属性的，就表示为元素。因为对于文档的最后处理来讲，元素比属性具有更大的灵活性。

2.5.3　XML 属性值

与属性名称不同，XML 对属性值的内容没有很严格的限制。属性值可包含空格，也可以数字开头。XML 属性值是由引号来界定的，所以属性值必须用引号括起来，一般使用双引号(这一点与 HTML 语言有所区别)。如果属性值本身包含了双引号，那么就应该使用单引号。如果属性值同时包含单引号和双引号，那么属性值中的引号就要使用实体参考“'”和“" ”(有关实体将在 2.6 节中介绍)，如下：

```
<exam time="120&apos;30&quot;"/>
```

当然，在使用属性之前首先要定义属性，这一部分的内容将在后面 DTD 文档类型定义和 Schema 章节部分进行介绍。

需要说明的是，在编写处理 XML 文档的程序时，要注意 XML 元素的属性值都是字符串，对于这样的属性值(如价格 ="50")，如果需要在程序中当作整数、实数进行处理，则必须先进行“字符串”到“整数或实数”的转换。

2.5.4　XML 属性转换

属性是元素数据的附加信息，可用于描述元素的一些特性。以子元素形式存在的数据，有时也可以采用属性的形式来存储。何时使用子元素，何时使用属性，并没有特定的规则，只能根据执行环境和需要来决定。但使用属性时，需要注意以下几个问题：

(1) 属性不容易扩展；

(2) 属性不能够描述文档结构；

(3) 属性很难被程序代码处理；

(4) 属性值很难通过 DTD 进行测试。

所以,建议尽量使用子元素,因为 XML 是用来存储和发送数据信息的,可能随时需要向 XML 文档中添加数据,因此,它的可扩展性就显得非常重要。

在 XML 中设置属性时应注意:

(1) 要符合 XML 的语法格式,属性值要用引号(单引号或双引号)括起来。

(2) 当属性值本身含有单引号时,则用双引号作为属性的定界符;当属性值本身含有双引号,则用单引号作为属性的定界符;当属性中既包含单引号,又包含双引号时候,属性值中的引号必须用实体引用方式来表示。

(3) 一个元素不可以拥有相同名称的两个属性,不同的元素可以拥有两个相同名称的属性。

(4) 不但自定义标记中可以有属性,XML 文档的处理指令中也可以有属性,例如 XML 声明版本信息的 version 属性。

```
<? xml version = "1 .0" encoding = "qb2312"? >
```

另外,数据既可以存储在子元素中,也可以存储在属性中。什么时候用属性,什么时候用子元素,没有一个现成的规则可以遵循。一般经验是属性在HTML中可能相当便利,但在 XML 中,最好避免使用,因为属性有时会引发一些问题,如属性不能包含多个值(子元素可以)、属性不容易扩展、属性不能够描述结构(子元素可以)、属性很难被程序代码处理、属性值很难通过 DTD 进行测试。如果使用属性来存储数据,那么所编写的 XML 文档一定很难阅读和操作。尽量使用元素来描述数据,仅使用属性来描述那些与数据关系不大的额外信息。

2.6 XML 实体

一个简单的 XML 文档可从许多不同的资源和文件中取得数据和声明。实际上,有些数据直接来自数据库、公共网关接口(Common Gateway Interface, CGI)、脚本或其他非文件格式资源。无论采取何种形式,保存 XML 文档片段的内容可以称为实体。实体引用把实体载入到 XML 主文档中。通用实体引用载入数据到 XML 文档的基本元素中,而参数实体引用载入数据到文档的 DTD 中。

2.6.1 实体的概念

在 DTD 的声明当中,一项常见的声明就是实体的声明。实体就是包含了文档片段或者说部分文档内容的虚拟存储单元,用来存储 XML 声明、DTD、各种元素或者其他形式的文本和二进制数据。简单来说,实体是一个事先定义好的数据,当要取用该数据时,只要使用"引用方式"便可以将数据放入引用之处。

使用实体方式制作 XML 文件的最大好处在于:当要修改该数据时,只需要修改实体数据定义处即可完成修改所有 XML 文件中引用该实体的地方，当这一份 DTD 不只被一个 XML 所引用时，将可修改更多的 XML 文件内容。

实体的主要用途在于：每个实体都有一个名字，在 XML 文档中可以使用这个名字来代替实体的具体内容（这个过程称为“实体的引用”）。解析器或其他 XML 应用程序分析使用文档时，将使用实体的具体内容来代替文档中的实体名，组成一个结构完整的文档。

实体从外观上说，小到一个简单的字符，大到可以是一个完整的 XML 文档。从存在形式上说，可能是一个独立的文档，也可能是数据库程序或 CGI、因特网服务器应用程序接口程序（Internet Server Application Programming Interface，ISAPI）等输出在内存中的一些数据。从内容上说，可以是字符数据，也可以是二进制数据。

按照实体所包含的内容分类，有如下几种实体：

（1）字符和数字实体，用于描述非 ASCII 字符；

（2）文本实体，一般用包含一些在文档中经常出现的文本串或块；

（3）二进制实体，保存非文本数据，如图像、声音等，是一种不可析实体，而字符和数字实体及文本实体都是可析实体。当前的 XML 解析器都不能很好地支持不可析实体。

按照实体的存在形式分类，有如下两种实体：

（1）内部实体，完全在文档内部定义的实体称为“内部实体”；

（2）外部实体，存在于一个外部独立文件中的实体称为“外部实体”。

实体的引用与一些编程语言中的“宏定义”相似，与大多数编程语言中的子程序引用也比较相似。就像主程序可以由多个子程序构成一样，XML 文档也可以由来自多个实体的数据组合而成。

2.6.2　内部实体的定义和使用

内部实体在一个 XML 文档的内部定义，只能在该文档内部引用。就像子程序中的局部变量，只在该程序中生存，子程序退出，它也就消亡了。

定义内部实体的语法为：

```
<! DOCTYPE filename [
<! ENTITY entity - name "entity - content"
] >
```

表示该语句为定义实体的指令。“ENTITY”是关键字，必须大写。

entity_name 为要定义的实体的名字。

entity_content 为要定义的实体的具体内容。

例如,要定义一段版权信息,可以有如下语句:

```
<! DOCTYPE copyright [
<! ENTITY copyright "Copyright 2001,Ajie. All rights reserved"
]>
```

在文档中引用实体的语法为:

```
&entity_name;
```

即前有"&"符号,后有";"号(注意均为 ASCII 码,是半角字符)。若文档中有中文,不要输入成中文全角字符。

将文档中多次出现的内容定义为内部实体有如下两个好处:

(1) 提高了文档的书写效率,也使文档的外观更加简洁。

(2) 若这些多次出现的内容需要修改,如 E-mail 地址发生了变化,则只需要在实体定义的语句中修改一下,即可修改文档中所有引用了该实体的地方,而不需要在文档中逐步进行查找和修改,使修改的效率和准确程度大大提高。

在 DTD 中定义内部实体,在文档中引用,这是毫无疑问的,实际上,还可以在 DTD 中引用内部实体,就像如下语句:

```
<! ENTITY college "浙江纺织服装职业技术学院" >
<! ENTITY department "&college; 信息工程分院" >
```

在 DTD 中引用内部实体时需要注意以下几个方面的问题。

(1) 被引用的内部实体的内容只能是文档内容的一部分,或者说是字符数据,而不能包含置标。如下定义是非法的:

```
<! ENTITY Title "(#PCDATA) " >
<! ELEMENT NewTitle &Title ; >province
```

(2) 在定义内部实体时引用内部实体,要注意不能形成循环引用。如下定义是非法的:

```
<! ENTITY college "&province;" >
<! ENTITY province "浙江省 &college; " >
```

(3) 实体在 DTD 中只能被其他实体定义引用,不能被元素和属性定义所引用。

2.6.3 外部实体的定义和使用

在文档中必须通过 URL 才能定位的实体称为"外部实体",外部实体为独立的文件。与只能在文档内部引用的内部实体相比,外部实体可以被多个文档所引用,具有更为广泛的共享性。因为每一个完整的 XML 文档都是一个合法的实体,所以 XML 通过对外部实体的引用,可以在一个 XML 文档中嵌入另一个 XML 文档,或者将多个文档组合为一个文档。

定义外部实体的语法为：

```
<! ENTITY entity_name SYSTEM "entity_URL" >
```

<! ENTITY >表示该语句为定义实体的指令。“ENTITY”是关键字，必须大写。

entity_name 为要定义的实体的名字。

SYSTEM 为定义外部实体的关键字。

entity_URL 为能够找到该外部实体的 URL 地址。

在文档中引用外部实体的语法与引用内部实体的语法一样，如：

```
&entity_name;
```

下面通过举例来说明如何定义和使用外部实体。

示例：外部实体的定义和使用。

```
<? xml version = "1.0"encoding = "GB2312"standalone = "no"? >
  <! DOCTYPE 学生信息[
<! ENTITY college "XXX" >
<! ENTITY department "&college;信息工程分院" >
<! ENTITY xinguan1 SYSTEM "ch4 -3 -1.xml" >
<! ENTITY xinguan2 SYSTEM "ch4 -3 -2.xml" >
<! ENTITY xinguan3 SYSTEM "ch4 -3 -3.xml" >
<! ENTITY 学生信息 (分院 * ,班级 * ) >
]>
<学生信息 >
  <分院 >&department; </分院 >
  <班级 > &xinguan1; </班级 >
  <班级 > &xinguan2; </班级 >
<班级 > &xinguan3; </班级 >
</学生信息 >
```

使用外部实体要注意如下两个方面的问题：

(1) 由于要引用外部文件，所以文档声明中 standalone 属性的值不再是“yes”，而必须是“no”，如例中所示。

(2) 作为外部实体的文档，如果使用的是 XML 默认字符集，如 UNICODE 或者 UTF－8，则可以没有 XML 声明；如果使用了默认字符集以外的字符集，如“GB 2312 ”字符集，则必须有 XML 声明，且在声明中说明 encoding 属性。

2.6.4　内部参数实体的定义和使用

前面所讲的内部实体和外部实体都是一般实体。一般实体都用来构成文档的具体内容,也就是用来构成字符数据的。虽然一般实体也可以出现在 DTD 中,但最终仍是构成字符数据的内容,不包含标记。把在 DTD 中使用的实体叫“参数实体”。

内部参数实体是指在独立的外部 DTD 文档的内部定义的参数实体,因为参数实体只能在外部 DTD 中使用,这一点与前面所讲的“内部一般实体”的“内部”不同,那是指 XML 文档内部。同样,“外部参数实体”的“外部”也是指相对独立的外部 DTD 文档的外部,而不是相对于 XML 文档的外部。

参数实体与一般实体有如下不同:

(1) 在定义参数实体时,实体名前必须加一个“%”号;

(2) 参数实体引用以“%”开始,而不是一般实体引用的“&”;

(3) 参数实体的内容不仅可以包含文本,还可以包含标记;

(4) 参数实体只能应用于 DTD,而不能在文档本体中引用,即参数实体只能用来构成 DTD 的内容,而不能构成文档内容;

(5) 参数实体只能在外部 DTD 文档中使用,无法应用于内部 DTD。

定义内部参数实体的语法为:

```
<! ENTITY % entity_name "entity_content" >
```

<! ENTITY >表示该语句为定义实体的指令。“ENTITY”是关键字,必须大写。

% 表示定义的是内部参数实体。

entity_name 为要定义的内部参数实体的名字。

entity_content 为要定义的内部参数实体的具体内容。

引用内部参数实体的语法为:

```
% entity_name;
```

在 DTD 中使用内部参数实体的好处与在文档中使用一般实体所具有的好处相同,一是可以提高创建 DTD 文档的效率,二是便于批量进行相同的修改。

如在一个 DTD 文档中有下述元素定义:

```
<! ENTITY 学生信息 (姓名,性别,出生日期) >
<! ENTITY 教师信息 (姓名,性别,出生日期) >
<! ENTITY 职工信息 (姓名,性别,出生日期) >
```

上述 3 个元素都有相同的子元素列表。如果要在每个元素的子元素列表中增加一个“籍贯”子元素,变成“姓名,性别,出生日期,籍贯”,则上述 3 个元素要一一进行修改。解决的方法是使用参数实体,将相同的子元素列表定义为一个内部参数实体,如下所示:

```
<! ENTITY % 个人信息 “(姓名,性别,出生日期)” >
```

使用内部参数实体需要注意的问题是:内部参数实体必须先定义后引用。

在定义时“%”与实体名称之间必须有空格隔开。

2.6.5　外部参数实体的定义和使用

在独立的外部DTD文档中,可以引用其他独立DTD文档中的定义,这种引用就是通过外部参数实体来实现的。这个过程与XML文档通过外部一般实体引用其他XML文档内容的过程十分相似。外部参数实体与外部一般实体的作用十分相似,其区别如下:

(1) 外部参数实体应用于独立的DTD文档,外部一般实体应用于XML文档;

(2) 外部参数实体应用于将多个独立的DTD文档组合为一个大的DTD文档,外部一般实体用于将多个独立的XML文档组合成一个大的XML文档。

对于较复杂的应用,其DTD一般也是相当的庞大。这时候往往会按照DTD的内容或逻辑结构将其分为几个较小的、独立的DTD文档,再使用外部参数实体将其连接为一个完整的DTD文档。

定义外部参数实体的语法为:

```
<! ENTITY % entity_name SYSTEM "entity_URL" >
```

<! ENTITY表示该语句为定义实体的指令。“ENTITY”是关键字,必须大写。

%表示定义的是外部参数实体。

entity_name为要定义的外部参数实体的名字。

SYSTEM为定义外部参数实体的关键字。

entity_URL为能够找到该外部参数实体DTD的URL地址。

引用外部参数实体的语法与引用内部参数实体的语法完全一致,即

%entity_name;

使用外部参数实体需要注意以下几点:

(1) 在外部DTD文档中引用其他DTD文档,注意不能造成递归引用。

(2) 被引用的外部DTD文档可以不是完整的DTD定义,但一般不提倡这样。最好所有的DTD文档都是一个完整的DTD定义。

(3) 每一个外部DTD文档都必须有一个声明,说明文档所使用的字符集。如果文档使用了XML默认字符集(如UNICODE或UTF－8字符集),才允许不使用这个声明。

2.7　XML命名空间

XML是一种元标记语言,允许用户定义自己的标记,因此,很可能出现名称重复的情况。为了解决这个问题,W3C在1999年1月颁布了命名空间标准。

该标准对命名空间的定义是:XML 命名空间提供了一套简单的方法,将 XML 文档和 URI 引用标记的名称相结合,来限定其中的元素和属性名。由此可知,命名空间通过使用 URI,解决了 XML 文档中标记重名的问题,从而确保任何一篇 XML 文档中使用的名字都是全球范围内独一无二的。原则上,一个不使用命名空间的 XML 文档是一个实用意义不大的文档,因为在全球范围内很可能有和它同名的标记存在。

2.7.1 命名空间的声明

在使用命名空间之前,必须首先对其进行声明。命名空间的声明类似于前面元素的声明,将一个唯一的标识符号指定到一个 URI 或其他合法字符串上,使用前面定义的标识符号作为标记的前缀,表示一类标记的出处。

例如,命名空间的声明:

```
<? xml version = "1.0" encoding = "gb2312"? >
<book:bookinfo xmlns:book = "http://bestbook.jmu.edu.cn/cs/text-
book" >
    <book:title >航空装备概论 < /book:title >
    <book:publisher >国防工业出版社 < /book:publisher >
    <book:price >19.7 < /book:price >
< /book:bookinfo >
```

其中,xmlns 是一个专门用来指定命名空间的关键字,book 是为了 XML 文档中使用方便而随便起的一个名字,它被用来标识字符串"http://bestbook.jmu.edu.cn/cs/textbook"。因为通常情况之下,后面的 URI 很长,使用起来和读起来都很不方便,而“book”就是给该长字符串临时起的一个简短好用的名字,它可以是任意合法的字符串。

这里需要指出的是,字符串"http://bestbook.jmu.edu.cn/cs/textbook"并不是实际存在的网页,它可以是其他任何合法的字符串。只是采用 URI 的形式便于确保唯一性,一般采用编程人员所在单位的网址变形而成。如果不采用网址而是用随意的字符串,那么其他人员随意采用的字符串就可能与其相同而发生冲突。

命名空间声明好以后,就可以使用了,使用方法为:

```
<book:title >航空装备概论 < /book:title >
```

注意,在声明命名空间时,可以将多个声明结合在一起,例如下面的语句:

```
<book:bookinfo xmlns:book1 = "http://bestbook.emu.edu.cn/cs/text-
book"
   xmlns:book2 = "http://cheapbook.jmu.edu.cn/ee/textbook" >
```

命名空间具有继承性,也就是说,如果不明确声明子元素的命名空间,子元素将继承父元素的命名空间声明。但要注意的是,在默认声明的命名空间范围内,所有的元素及其子元素不加前缀,而在显示声明的命名空间范围内,所有的元素及其子元素必须加前缀。

2.7.2 命名空间和默认命名空间

在文档中,实际可以同时定义多个命名空间。

多重的命名空间前缀的声明类似于一个元素的多个属性,如:

```
<? xml version = "1.0"? >
<! - -both namespace prefixed are available throught - - >
<bk:book xmlns:bk = "urn:loc.gov:books" xmlns:isbn = "urn:ISBN:0 -
395 -36341 -6" >
   <bk:title >cheaper by the Dozen < /bk:title >
   <isbn:number >1568491379 < /isbn:number >
< /bk:book >
```

在上述情况下,需要为文档中每一个元素都增加命名空间。如果文档很长,这将是一件艰苦的工作。此时,可以将文档中使用最多的命名空间定义为默认命名空间,则原来在文档中使用这个命名空间的元素前的命名空间都可以省略不写了。也就是说,如果定义了默认命名空间,则文档中未使用命名空间的元素实际都处于默认命名空间之下。

默认命名空间在有大量标记的长文档(在所有相同命名空间)中,可能会发现要将前缀加到各个元素名中是很不方便的。可以使用没有前缀的 xmlns 特性,将默认的命名空间与某个元素及其子元素相关联。此元素本身(其所有的子元素也一样)可认为处于定义的命名空间中,除非它们拥有明确的前缀。也就是说命名空间不仅约束那些指明命名空间的元素,如果不特殊说明,元素内的子元素也要受它的约束,除非它们受到另一个命名空间定义的限制。一个默认命名空间只修饰声明这个命名空间的那个元素以及该元素的子元素。如果一个默认命名空间声明的 URI 参数值是空的,那么这个元素就不在任何命名空间中。需要注意的是,属性不能直接用默认命名空间的。下面介绍一个默认命名空间的例子。

```
<? xml version = "1.0"? >
<! - -initially,the default namespace is "book" - - >
<book xmlns:bk = "urn:loc.gov:books" xmlns:isbn = "urn:ISBN:0 -395 -
36341 -6" > >
   <title >cheaper by the Dozen < /title >
   <isbn:number >1568491379 < /isbn:number >
```

```
  <notes>
   <! —make HTML the default namespace for some commentary-->
   < Pxmlns="urn:w3-org-ns:HTML">
     This is a<I>funny</I>book!
   </p>
 </notes>
 </book>
```

2.7.3 命名空间的作用范畴

命名空间的范畴就是命名空间起作用的范围。而范围就是声明该命名空间的元素及该元素中所有的子元素,除非是在该元素的某一个子元素上又声明了相同的命名空间。

例如,声明命名空间的范围:

```
<bk:book xmlns:bk="http://www.example.org/2005/book">
<bk:title>历史的回忆</bk:title>
<bk:author>张三</bk:author>
<bk:price>60.00</bk:price>
<ph:publish xmlns:ph= "http://www.example.org/2005/publish">
<ph:publish>兵器工业出版社</ph:publish>
<ph:pubdate>2002.10</ ph:pubdate>
</ph:publish>
</bk:book>
```

上面的示例中声明了两个命名空间,bk 是顶层元素声明的,因此对所有元素都是有效的,ph 是为 publisher 元素声明的,只对它的子元素有效。但是,如果还有一个 book 元素,它的子元素 publisher 使用了 ph 前缀,则是不合法的名称空间,因为超出了其作用域。一般来说,最好把所有名称空间声明都放到根元素的开始标记中。这样可以一下子看到文档的所有名称空间,对于它们的作用域也不会混淆。

2.7.4 使用命名空间引用 HTML 标记

前面讲过,除了 xsl 以外,还有一个 XML 预定义的命名空间,即 html 命名空间。在 html 命名空间中,可以使用 HTML 标记,就像在 HTML 文档中一样。由此,可以在 XML 文档中引用 HTML 标记,而当前主要的 XML 浏览器都支持这种用法,在显示 XML 文档时,会将其中的 HTML 标记正确表示出来。

在 XML 文档中引用 HTML 标记有很现实的意义。虽然 XML 的链接标准

XLink 和 XPointer 都已发布，但浏览器对它们的支持还非常有限。此时可以使用在 XML 文档中引用 HTML 标记的方法，在 XML 文档中实现超链接及其他支持的技术，如表单等。

2.8　特殊字符的使用

在 XML 文档中有些字符是特殊字符，其特殊之处就在于这些字符在 XML 标记语言中已经被赋予了特殊的意义。例如“<”在 XML 标记语言中就表示所有标记的开始记号，因而是 XML 语言的保留字符。如果现在要求将字符“<”显示在页面上，该如何处理呢？处理方法是给这些特殊字符定义一个特殊的编码。所有特殊字符所对应的编码如表 2－1 所列。

表 2－1　XML 中的特殊字符表

特殊字符	代替字符	特殊的原因
&	&	每一个代表符号的开头字符
>	>	标记的结束字符
<	<	标记的开始字符
"	"	设定属性的值
′	'	设定属性的值

例如，要在文档中显示字符“<”和“>”，必须使用“&1t;”和“>”代替。

2.9　XML 的相关技术

单纯的 XML 是用来描述数据的，如果没有搭配适当的样式表，在 Web 浏览器中浏览 XML 文件时，只能看到 XML 文件的树状结构，这本身意义不大。此外，要验证 XML 文件是否正确合法，还需要有 DTD 或 XML Schema。在 XML 文件中要链接到其他的资源，就需要 XLink、XPath 和 XPointer 等。

2.9.1　CSS

层叠样式单（Cascading Style Sheet，CSS），W3C 制定并发布的一个网页排版样式标准，用来对 HTML 有限的表现功能进行补充，其目的是提供一种技术手段将 Web 页面在浏览器中的显示更加引人入胜，同时又不必像常见到的 HTML 文档那样频繁地添加控制显示的标准标记，从而提高 XML 文档的编写效率。

CSS并不是一种程序设计语言,而只是一种用于网页排版的标记性语言,其全部信息都是以纯文本的形式存在一个文档中,因此可以利用任何一个文本编辑工具去编写CSS文档。编写XML文档的过程中,通过CSS能够将文档的格式化信息与文档的正文分离开来。CSS的功能不断被扩充,但到目前为止,CSS有两个官方标准,即CSS 1和CSS 2。CSS 1能够实现的功能在CSS 2中可以完成地更好。目前,CSS 1的功能在大多数高版本的浏览器中都得到了广泛的支持。

1. CSS的优势

CSS具有以下几点技术优势:

(1) 数据重用。编写好的CSS文档,可以用于多个XML文档,从而达到了数据重用的目的,节省了编写代码的时间,统一了多个XML文档的风格。

(2) 轻松地增加网页的特殊效果。使用CSS标记,可以非常简单地对图片、文本信息进行修饰,设置相关属性,便于维护网页。

(3) 元素定位更加准确。使用CSS,使显示的信息按创作人员的意愿出现在指定的地方。

2. CSS规范

W3C迄今已发布了两套完整的CSS规范:CSS 1(CSS Level 1)和CSS 2(CSS Leve 2)。CSS 1于1996年12月正式发布,CSS 1定义了许多简单文本格式化属性,还定义了颜色、字体、边框、级联的原理、CSS与HTML之间的链接机制等属性。CSS 2于1998年5月发布,CSS 2极大地扩展了CSS 1的功能,可以布置页面、替换HTML表。除了常规的显示器外,CSS 2支持为特定的输出设备(如打印机、盲文设备、语音设备等)设置不同的表现样式,还可以实现内容定位、下载字体、文字阴影、表格布局和自动计数等功能。CSS 2.1工作草案于2005年6月发布,CSS 2.1只是对CSS 2的更新,以反映各种浏览器中实现CSS的当前状态。CSS 3正在制定中 。

要注意的是,虽然CSS样式丰富,但需要浏览器的支持。不同的浏览器,以及同一浏览器的不同版本,对CSS的支持程度不同,目前常用的浏览器基本上都支持CSS 1,Internet Exploer 7.0支持CSS 2。

2.9.2 DTD

文档类型定义(Document Type Definitions,DTD),就是定义一种标记语言。主要包括一门标记语言由几部分构成,该语言都是由哪些标记构成的,这些标记的嵌套关系如何,该语言中是否存在实体(所谓实体,就是一些特殊字符或字符串的别名,例如HTML的" "),标记中是否可用属性,属性的取值该如何指定。这些标记语言就要通过DTD来定义(如定义XML文档中元素、属性以及元素之间的关系)。通过 DTD 可以检测 XML 文档的结构是否正确,它规定了文档的逻辑结构。简言之就是合法的 XML 文档的"法"之所在。这在 XML 文档中不是必需的部分,但建议尽量写出合法的 XML 文档,一来结构严谨,二来便于以后使用程序处理该文档。

2.9.3　XML Schema

XML Schema 是 DTD 之后第二代用来描述 XML 文件的标准,是用来对 XML 文档的类型定义的语言,用来规定 XML 文档的数据类型及组织方式,同时还是丰富的元数据资源。虽然 DTD 在校验 XML 文档的有效性方面非常有用,但它仍然存在许多缺陷,例如,采用了非 XML 的语法规则、不支持多种多样的数据类型、扩展性较差等,这些缺陷使 DTD 的应用受到了很大限制。为了解决上述问题,以 Microsoft 公司为首的众多公司提出了 XML Schema。XML Schema 建立在 XML 之上,是一种定义文件的方式,拥有许多类似 DTD 的准则,但又要比 DTD 更为强大。它的样子和一般的 XML 文档完全相同,使得 XML 文档达到从内到外的完美统一。

2.9.4　XSL

可扩展样式语言(eXtensible Style Language,XSL),是为了格式化 XML 页面而发展起来的一种标记语言,较 CSS 技术有许多优点。XSL 是专门针对于 XML 文档的样式而提出来的一种规则,能够使 XML 文档得到更加有效的表现形式。XSL 文档实际上是 XML 文档的一种延伸,是由 XML 语言形成的一个 XML 应用程序,主要提供定义规则的元素和显示 XML 文档,从而实现文档内容和表现形式的分离。XSL 实际上是一个样式语言族,它包括三种语言:可扩展样式转换语言(XSL Transformations, XSLT),可扩展样式格式化对象(XSL Formatting Objects,XSLFO)和 XML 路径描述语言(XML Path Language,XPath)。

1. XSLT

XML 主要是用来存储数据的,其重要性不仅仅是文档结构简单易读,而在于 XML 从根本上解决了不同应用间的数据交换问题。由于不同的应用需要不同的数据格式,例如可能是 HTML,另一种结构的 XML 或 PDF,甚至是多媒体格式等,这就需要将 XML 文档转换成所需要的数据格式。XSLT 转换语言就是实现 XML 数据格式转换功能的语言。目前,XSLT 最主要的功能是将 XML 转换为 HTML 或另一种格式的 XML。所以,实际上 XSLT 与格式化无关。

目前常见的转换如下:

(1) XML→HTML。几乎所有的 Web 浏览器都支持 HTML,但并不是都支持 XML,所以有时需要将 XML 文档转换成 HTML。

(2) XML→XML。因为 XML 都是用户自定义的标记,对于相同的数据,不同组织或公司可能使用不同的标记,此时就需要将一种标记的 XML 文档转换成另一种标记的 XML 文档。

XSLT 是 W3C 大力推荐的标准,已完全独立出来。1999 年,W3C 发布了 XSL 1.0 推荐版本;2007 年 1 月正式发布 XSL 2.0 推荐版本。

2. XSL FO

XSL FO 格式化语言用来设置 XML 文档中的数据最终在显示器等表现介质中的表现样式,如用浏览器显示 XML 文档时的样式。

XSLT 转换语言和格式化语言是应用于表现 XML 文档过程中的两个步骤,即首先转换 XML 文档结构,然后将转换后的文档格式化输出。

虽然 XSLFO 在 2006 年也由 W3C 作为推荐标准发布,但支持的软件很少。所以,通常提到 XSL 时,实际上指的是 XSLT。

3. XPath

XPath 路径描述语言在 XSLT 中使用,用来定位和访问 XML 文档的各个部分。设计 XPath 的主要目的是让 XSLT 使用,同时也用于 XML 链接指定。有些文献也将 XPath 归入 XSLT 中。

1999 年,W3C 发布了 XPath 1.0 推荐版本;2006 年 11 月,发布了 XPath 2.0 建议推荐版本。

4. XSL 与 CSS 的比较

有了 CSS,为什么还要制定 XSL 呢?这主要是因为 CSS 最初是为表现 HTML而制定的,许多方面不适合 XML,其很大局限性是:

(1) CSS 不能增、减元素;

(2) CSS 不能重新排序文档中的元素,即只能按原 XML 文档元素顺序输出;

(3) CSS 不能对元素进行筛选输出;

(4) CSS 不能统计、计算元素中的数据。

CSS 只能定义特定元素的表现样式,对上述复杂功能则无能为力。CSS 的主要优点是实现机制简单,易学易用且消耗系统资源少。

XSL 技术是 W3C 专门针对 XML 提出的格式化语言,采用的是一种转换的思想,用于实现将 XML 文档转换为另一种 XML 文档、HTML 文档或者文本文档。另外,XSL 本身也是一种 XML 文档,容易使用脚本通过一些接口(DOM,DSO)技术调用,从而实现对样式的动态控制。通常情况下,在需要将 XML 文档内容显示出来时,首先考虑使用 XSL。XSL 比 CSS 功能强得多,也复杂得多;而且因为需要重新索引XML结构树,消耗系统资源比较多。因此,可以将它们结合起来使用,比如在服务器端用XSL处理文档,在客户端用CSS来控制XML文档的显示格式,以加快响应速度。

5. XML文档结构树

完整的XML文档都是树状结构,在IE浏览器显示XML文档时,从XML文档结构本身可以看到这一点。一个结构完整的XML文档,可以转换成一个结构完整的结构树。

XML将树状结构中自定义的元素称为节点,整棵树就是按照元素的层次关系排列的节点集,节点之间存在父子、兄弟关系。XML文档结构树从根节点开始,根节点在XSL中用符号"/"表示。

XML文档结构树中的节点就是元素及元素的内容。但在XSL中,XSL处理器将属性、命名空间、处理指令、注释等都看做是节点。因此,对XSL处理器来说,XML树状结构中有下列7类节点:根节点、元素节点、文本节点、属性节点、命名空间节点、处理指令节点和注释节点。

因此,XSL处理器处理XML文档,实际上就是处理XML的文档结构树,是从根节点开始搜索,对文档的操作就是对树的操作。

值得注意,文档的根节点是文档的入口,根元素是其他所有元素的父元素。

2.9.5 DOM

1. DOM简介

文档对象模型(Document Object Model,DOM),与HTML技术中的DOM概念相同,它把XML文档的内容实现为一个对象模型,简单地说就是应用程序如何访问XML文档,W3C的DOMLeael 1定义了如何实现属性、方法、事件等。DOM定义了一组标准指令集,通过程序存取HTML或XML的内容,然后通过程序中的对象集合将其显示出来。

DOM是一种与语言和平台无关的接口标准,它使用不同的对象代表HTML或者XML文档中不同的组成部分,这些对象定义了各自不同的方法和属性,应用程序开发人员能够用任何程序语言在任何平台上编写代码,访问和处理文档中相应的组件。换句话说,DOM对于各种语言的程序员展现的是统一的对象、属性、方法和事件。

DOM以树状层次结构存储XML文档中的所有数据,每一个节点都是一个相应的对象,其结构与XML文档的层次结构相对应。因此,利用DOM对象节点树,程序员可以动态地创建、遍历XML文档,添加、修改、删除XML文档的内容,改变XML文档的显示方式,等等。也就是说,XML文档代表的是数据,而

DOM 代表的是如何处理这些数据。

图 2-3 给出了 DOM 在 XML 应用程序开发过程中所处的地位。从图 2-3 中可以看出其工作过程是:首先由 XML 解析器从 XML 文档中读取数据,并对文档格式进行分析验证;然后,将数据传送到 DOM 接口,DOM 在内存中根据文档结构构建一棵结构树;最后,应用程序便可以通过 DOM 接口对这棵结构树中的各个节点进行访问和处理。

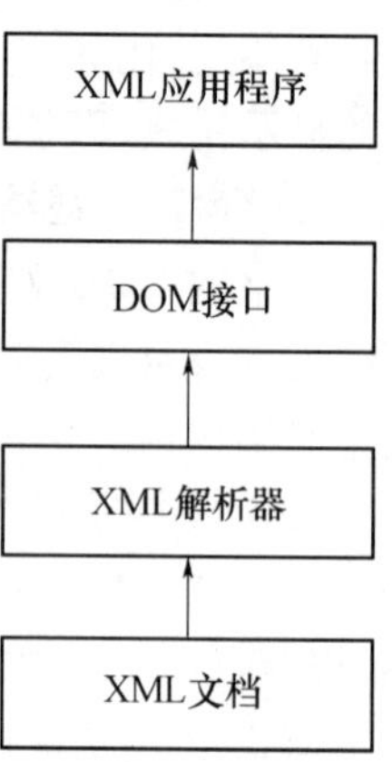

图 2-3 DOM 在应用程序中所处地位

总体来说,使用 DOM 有如下优点:

(1) 能够保证 XML 文档正确的语法和格式。由于用 DOM 处理 XML 文档时,需要加载 XML 文档,并在内存中生成一棵 DOM 节点树,因此可以避免无结束标记或者是不正确的嵌套等语法错误。

(2) 简化文档的操作。使用 DOM 对 XML 文档中的节点进行访问 和操作比较简单,只需要掌握几种常用的接口就可以轻松地进行开发。

(3) 与数据库可以良好地结合并相互转换。由于 DOM 在表示 XML 文档中的各个节点的关系时,非常类似于常用的关系数据库的处理方法,所以可以轻松地在数据库和 XML 文件之间转换。

2. DOM 结构树

DOM 接口提供了一种通过分层对象模型访问 XML 文档中信息的方式,这些分层对象模型依据 XML 文档的结构形成了一棵节点树。应用程序正是通过与该节点树的交互来访问 XML 文档信息的。

当 XML 解析器将 XML 文档装入内存进行解析时,根据文档的逻辑结构生成一棵对应的 DOM 节点对象树,也可以说是转换为一个对象模型集合。XML 文档中的每一个组件都对应树中的一个节点,不同类型的 XML 组件对应于不同类型的节点,有各自不同的属性和方法。

节点是 XML 文档对象模型中最重要的概念。XML 文档的所有组件都被视为节点,XML 文档本身是一个节点。文档中所包含的内容,如 XML 声明、DOCTYPE 声明、注释、处理指令等都是节点,元素、属性的文本内容也是节点。DOM 共有 12 种节点类型,表 2-2 列出了 XML 文档组成和 DOM 节点类型、节点名称及节点类型属性值的对应关系。

表 2 - 2　DOM 节点类型

节点类型	说　明	节点名称	数值
Element	元素节点	元素名称	1
Attribute	属性节点	属性名称	2
Text	元素或属性的文本内容	#text	3
CDATASection	CDATA 节	#cdatasection	4
EntityReference	实体引用	实体引用的名称	5
Entity	DTD 中 的 <! ENTITY… >声明	实体名称	6
Procession Instruction	处理指令节点	处理指令的实际名称	7
Comment	注释节点	#comment	8
Document	文档根节点（代表 XML 文档本身）	#document	9
DocumentType	代表 <! DOCTYPE >的节点	DTD 声明中的文档类型名称	10
DocumentFragment	文档片段	# document fragment	11
Notation	DTD 中的标注声明	标注名称	12

在表 2 - 2 中，“数值”代表该种节点的类型编号，可由 nodeType（节点类型）属性返回，不同的整数对应于不同的节点类型。另外，也可以通过每个节点的 nodename（点名称）属性来获得该节点的名称。

3. DOM 对象接口

在 XML 文档中最顶层元素为根元素，也即节点树的根节点，其他构件是树中的节点。当使用 DOM 处理 XML 文档时，将主要用到 4 个接口：Document、Node、NodeList 和一个错误处理接口。下面详细介绍这 4 个对象接口的属性与方法。

1）Document 对象接口

Document 对象接口代表了整个 XML 文档，因此它是整棵文档树的根，提供了对文档中的数据进行访问和操作的入口。

由于元素、文本节点、注释、处理指令等都不能脱离文档的上下文关系而独立存在，所以在 Document 对象接口提供了创建其他节点对象的方法，通过该方法创建的节点对象都有一个 ownerDocument 属性，用来表明当前节点是由谁所创建的，及节点同 Document 之间的关系。

可以看出，Document 节点是 DOM 树的根节点，即对 XML 文档进行操作的入口节点。通过 Document 节点，可以访问到文档中的其他节点，如处理指令、注释、文档类型及 XML 文档的根元素节点，等等。

Document 接口的主要属性及说明如表 2 - 3 所列。

表 2-3 Document 对象接口的属性

属性	说明
async	默认值为 TRUE,表示将文档同步装载(一次全部装入),若值为 FALSE,表示异步装载
attributes	是集合对象,表示文档根元素的属性集合(只读)
childNodes	是集合对象,文档的直接子节点,通常是 XML 声明或根节点(只读)
dataType	是文档根元素的强制数据类型(只读)
definition	在相关的 DTD 或模式中对根元素的定义(只读)
doctype	返回声明 DTD 的文档类型节点(只读)
documentElement	文档的根元素,或称根节点(可读写)
firstChild	文档的第一个子元素,通常是 XML 声明或文档根元素(只读)
lastChild	文档的最后一个子元素,若文档以一个根元素开始,则 firstChild 和 lastChild 都指这个根元素(只读)
namespaceURI	返回由命名空间指定节点的 URI(只读)
nextSibling	返回该节点的下一个兄弟节点,对于一个文档节点,它将返回 Null(只读)
nodeName	用字符串表示的当前节点的元素名,对于一个文档节点,其值为 document(只读)
nodeType	节点类型(只读)
nodeTypedValue	用数据类型表示的节点值,对于一个文档节点,其值为 Null (只读)
nodeTypeString	用字符串形式表示的节点类型,对于文档元素,其值为 document(只读)
nodeValue	节点对应的文本,名义上是可读写,但 MSXML 不允许对文档节点进行赋值操作
ownerDocument	返回包含该节点的文档根节点;对于文档节点,其值为 Null (只读)
parentNode	返回给定节点的父节点,对于文档元素,其值为 Null(只读)
parsed	若所有的子节点都已经被分析和实例化,其值为 TRUE;否则为 FALSE(只读)
parseError	在装入操作时,用于进行错误处理的对象(只读)
prefix	返回命名空间的前缀(只读)
preserveWhiteSpace	如果文档的额外空白空间被保留为 TRUE;否则为 FALSE (可读写)
previousSibling	返回该节点的左兄弟节点;对于文档节点,其值为 Null(只读)
readyState	显示文档的当前状态(只读)
text	整个文档的文本部分的内容,名义上是可读写,但 MSXML 不允许对文档节点进行赋值操作
url	最后装入文档的 URL(只读)
validateOnParse	在装入文档时,若 MSXML 要对其执行有效性检查,则为 TRUE,这是默认值,否则为 FALSE(可读写)
xml	整个文档的标识部分的内容(只读)

其中的 nodeType、nodeTypeValue 和 nodeTypeString 比较容易混淆。实际上，nodeType 表示一个节点的类型是元素、属性或处理指令等，用数字表示各种类型，它的取值与节点的值无关；nodeTypeString 在概念上与 nodeType 类似，它将同样的信息用字符串来表示。比如对于标识……，其 nodeType 值为 1（表示 NODE - ELEMENT），而 nodeTypeString 值为 element。NodeTypeValue 与它们两者完全不同，假设声明了一个属性（dt:int），则可以在 XML 文档中写如下的语句：

```
<myElement count ="14" />
```

则对于表示 count 属性的节点来说，其 nodeTypedValue 值将是数字值 14，而不是由字符 1 和 4 组成的字符串。

Document 接口的主要方法及其说明如表 2 - 4 所列。

表 2 - 4　Document 接口的主要方法及其说明

方 法	含 义
Abort	终止一个运行中的异步加载
appendChild(newChild)	将 newChild 节点追加到 childNodes 集合的最后
cloneNode(deep)	产生一个当前节点的完全拷贝，若 deep 为 TRUE，则连同节点的所用子节点树一起拷贝；若为 FALSE，只拷贝节点本身
createAttribute(name)	创建一个名字为 name 的属性
createCDATASection(data)	创建一个 nodeValue 值为 data 的 CDATA 片段，返回一个 CDATA 节点
createComment(data)	创建一个内容为 data 的注释
createDocumentFragment	创建一个空的文档片段
createElement(name)	创建一个名字为 name 的元素
createEntityReference(name)	创建一个指向 name 的实体引用节点
CreateNode (type, name, namespaceURI)	创建一个类型为 type，值为 name 的由命名空间限定节点
createProcessingInstruction (target, data)	创建一个处理指令节点，其中 target 为处理指令的目标，data 为处理指令数据
createTextNode(text)	创建一个文本节点
getElementsByTagName(name)	返回名字为 name 的所有元素的列表，若 name 值为 *，则返回所有元素
hasChildNodes	若当前节点有子节点，则返回 TRUE；否则返回 FALSE
InsertBefore (newNode, refNode)	将 newNode 插入到 refNode 之前，newNode 将变为 refNode 的左兄弟节点。如果 newNode 类型不合法，比如想把一个元素节点作为一个属性的子节点进行插入，则操作将失败

(续)

方 法	含　义
load(URL)	装入并解析由 URL 指定的文档
loadXML(stringDoc)	将 stringDoc 表示的字符串作为一个 XML 文档装入并解析
nodeFromID(idValue)	返回 ID 属性值为 idValue 的节点,若没有这样的节点,则返回 Null
removeChild(Child)	从父节点的 childNodes 集合中,删除 child 节点
replaceChild (newChild,oldChild)	用 newChild 代替 oldChild 节点
selectNodes(pattern)	返回满足 XSL 模式 pattern 的所有节点的一个列表
selectSingleNode(pattern)	返回满足 XSL 模式 pattern 的第一个节点
transformNode(stylesheetObj)	用包含有 XSL 样式单文档的 MSXML 的解析器实例 stylesheetObj 来变换 XML 文档,将输出文档的内容以字符串形式返回
transformNodeToObject (stylesheetObj,outObj)	用包含有 XSL 样式单文档的 MSXML 的解析器实例 stylesheetObj 变换 XML 文档,并将输出文档以对象形式写入到 outObject 对象中, outObject 可以是任何支持 Istream 的对象

2）Node 对象接口

Node 对象接口在整个 DOM 树中具有举足轻重的地位,DOM 接口中有很大一部分是从 Node 对象接口继承过来的。在 DOM 树中,Node 对象代表了树中的一个节点,可以是 DOM 支持的各种类型的节点,如元素、属性、PCDATA、处理指令等。

Node 对象接口的主要属性及说明如表 2－5 所列。

表 2－5　Node 对象接口的主要属性及说明

属性	含　义
attributes	是集合对象,表示节点的属性集合(只读)
baseName	一个命名域定位名字的基(base)名字部分(只读)
childNodes	是集合对象,表示当前节点的直接子节点的列表(只读)
dataType	对于属性、元素和实体引用节点,其值是用字符串表示的数据类型;对文本属性的节点,其值是文本的字符串(可读写)
firstChild	当前节点的第一个(最左边的)子节点(只读)
lastChild	当前节点的最后一个(最右边的)子节点(只读)
namespaceURI	返回定位名字的命名空间 URI(只读)
nextSibling	当前节点的后继(右边的)兄弟(只读)

（续）

属性	含　义
nodeName	是一个字符串值。对于元素、属性和实体节点，它他们的定位名字；对于其他节点，则是固定的值，比如对于文档的元素，值为#document（只读）
nodeType	用数字表示的节点类型（只读）
nodeTypedValue	返回节点的强制类型值（可读写）
nodeTypeString	用字符串形式表示的节点类型（只读）
nodeValue	对于属性、注释、CDATA 片段、文本和处理指令节点，其值是这些节点的文本内容；对于其他节点，像元素节点，其值为 Null（可读写）
ownerDocument	返回包含当前节点的文档的根元素
parentNode	返回给定节点的父节点，对文档、文档片段、属性节点，值为 Null（只读）
parsed	若当前节点及其所有的子节点都已被解析，则为 TRUE；否则为 FALSE（只读）
prefix	定位名字的命名域前缀，对于非定位名字，其值为一个空串（只读）
previousSibling	当前节点的左兄弟节点，对文档、文档片段、属性节点，值为 Null（只读）
text	当前节点及其所有后代节点的文本部分的内容（可读写）
xml	当前节点及其所有后代节点的标识部分的内容（只读）

2.9.6　XML 的链接语言——XLink

可扩展的链接语言（eXtensible Linking Language，XLL）分为两部分：XML 链接语言（XML Linking Language，XLink ）和 XML 指针语言（XML Pointer Language，XPointer）。XLink 定义一文档如何与另一文档的链接。XPointer 定义文档的各部分如何寻址。XLink 指向 URI（实际为 URL），以指定特定的资源。此 URL 可能包含 XPointer 部分，更明确地标识目标资源或文档所期望的部分或节。

超文本链接是描述 HTML 文档中不同部分之间关系的一种技术。在 HTML 标记语言中只是简单的一条语句，但在 XML 语言中，这种语句被扩充得十分丰富。严格来讲，超文本链接已经不是 XML 标记语言的一部分，而是一种独立的链接语言。XML 的链接语言目前主要由 3 部分构成，分别为 XLink、XPath 和 XPointer。

XLink 支持一般的链接，就像在 HTML 中链接一样，也支持更为复杂的链接。XLink 不仅可以在 XML 文件之间建立链接，而且可以建立其他类型数据之间的链接。不仅如此还可描述与非 XML 文件之间的链接关系。

XPath 主要是描述一个路径位置，而位置可以分成相对位置路径和绝对位置路径。一个相对位置路径事实上包含一连串的寻址步骤,每个寻址步骤是以斜杠“/”进行分隔的。整个相对位置路径就是这些寻址步骤从左到右结合在一起的。至于绝对路径本身就包含斜杠“/”,此处所使用的斜杠代表的是根节点,包括目前的节点。

XML 是结构化的文件,这使得借助文件结构进行内部定位成为可能,此时无需对文件本身进行修改,这就是 XPointer。XPointer 用于在资源内定位,它支持在 XML 文件中定位元素、属性、字符串等内部结构。

第 3 章　XML 文档结构

XML 是目前广泛应用的数据交换标准，而模式是应用 XML 进行数据交换的正确性的保证机制之一。模式详细描述了 XML 文档的结构，确保文档的元素和属性等的正确性。XML Schema 和 DTD 是其中应用最广泛的模式。

本章重点介绍 XML 的 DTD 和 Schema，并以实例的方式对二者进行分析。

3.1　XML 模式

无论用于 Internet 开发、文档的创建还是各类应用程序之间的数据交换，作为一个十分灵活的文档设计与数据建模工具，XML 正逐渐成为一种标准。XML 具有一种开放的、可扩展的、可自描述的语言结构。XML 文档的作者可任意定义文档数据的结构以及元素的名称和属性。虽然这种可扩展性给文档的制作提供了很大的灵活性，但是它也使得不同组织的应用程序间的数据交换变得难以实现，原因是不同组织的应用程序对同样的标记名称可能有不同的理解。例如：应用程序 A 定义“name”为一个 XML 元素，而应用程序 B 认为“name”是一个属性。

在使用 XML 描述相同的事物时，不同的编写者可能用不同标记、结构，造成信息交换的困难，因此需要一种机制指定应该如何用 XML 描述某一特定事物，如 XML 文档中可以使用哪些标记，哪些标记可以出现在其他标记中，哪些标记具有属性，使用的标记应按什么次序出现，各标记及其属性的数据类型是什么，等等。模式就是专门用于检验文档是否满足要求的机制。模式是关于标记的语法规则，它详细描述了 XML 文档的结构，从而确定了文档的框架。一个模式文件严格地规定了以它为标准的所有 XML 文档的树状层次结构的全部细节。当某一 XML 文档引用该模式文件时，它必须通过有效性检验。

文档类型定义（Document Type Definition，DTD）和 XML 模式定义（XML Schema Definition，XSD）都是用于对 XML 文档的结构进行定义和描述。在 XML 文档应用了 XML Schema 或 DTD 后，应用程序就可通过相应的模式文件检验交换的 XML 文档的有效性，确保 XML 文档的元素和属性等的正确性，从而避免了误解。

3.2 XML DTD

3.2.1 DTD 简介

DTD 是随 XML 1.0 标准提出的一种 XML 模式。通过对某类 XML 文档创建 DTD,开发人员可以正式且精确地定义该类文档的词汇表和结构,解析器可以根据 DTD 对 XML 实例文档进行有效性验证。

DTD 是一套关于标记符的语法规则,描述了一个置标语言的语法和词汇表,即定义了文档的整体结构和语法,使应用系统、解析器能检验 XML 文档的有效性,或提供编辑工具以生成符合定义的 XML 文档。由于 DTD 是从 SGML 中的类别定义移植过来的,虽然可以用来限制 XML,但其本身并不是 XML 文档。DTD 可被成行地声明于 XML 文档中,也可作为一个外部引用。

1. 在 XML 文档中使用

假如 DTD 被包含在 XML 源文件中,它应当通过下面的语法包装在一个 DOCTYPE 声明中:

```
<!DOCTYPE 根元素 [元素声明]>
```

下面的例子是带有 DTD 的 XML 文档。

```
<?xml version="1.0"?>
<!DOCTYPE note [
  <!ELEMENT note (to,from,heading,body)>
  <!ELEMENT to       (#PCDATA)>
  <!ELEMENT from     (#PCDATA)>
  <!ELEMENT heading  (#PCDATA)>
  <!ELEMENT body     (#PCDATA)>
]>
<note>
  <to>George</to>
  <from>John</from>
  <heading>Reminder</heading>
  <body>Don't forget the meeting! </body>
</note>
```

在上述例子中,DTD 解释如下:

(1)！DOCTYPE note(第 2 行)定义此文档是 note 类型的文档。

(2)！ELEMENT note(第 3 行)定义 note 元素有 4 个元素:to、from、heading、body。

(3) ! ELEMENT to (第4四行)定义 to 元素为 #PCDATA 类型。

(4) ! ELEMENT from (第5行)定义 frome 元素为#PCDATA 类型。

(5) ! ELEMENT heading (第6行)定义 heading 元素为 #PCDATA 类型。

(6) ! ELEMENT body (第7行)定义 body 元素为 #PCDATA 类型。

2. 外部文档声明

假如 DTD 位于 XML 源文件的外部,那么它应通过下面的语法被封装在一个 DOCTYPE 定义中:

```
<! DOCTYPE 根元素 SYSTEM "文件名" >
```

这个 XML 文档和上面的 XML 文档相同,但是拥有一个外部的 DTD。

```
<? xml version = "1.0"? >
<! DOCTYPE note SYSTEM "note.dtd" >
<note >
<to >George < /to >
<from >John < /from >
<heading >Reminder < /heading >
<body >Don't forget the meeting! < /body >
< /note >
```

这是包含 DTD 的 "note. dtd" 文件:

```
<! ELEMENT note (to,from,heading,body) >
<! ELEMENT to (#PCDATA) >
<! ELEMENT from (#PCDATA) >
<! ELEMENT heading (#PCDATA) >
<! ELEMENT body (#PCDATA) >
```

3.2.2　DTD 的声明

所有的 XML 文档均由以下简单的构建模块构成:元素、属性、实体、PCDATA、CDATA。

(1) 元素是 XML 文档的主要构建模块。元素可包含文本、其他元素或者是空的。下面例子中 note 和 message 就是元素。

```
<body >body text in between < /body >
<message >some message in between < /message >
```

(2) 属性可提供有关元素的额外信息。属性总是被置于某元素的开始标签中。属性总是以名称/值的形式成对出现。下面的 img 元素拥有关于源文件的额外信息:

```
<img src="computer.gif" />
```

元素的名称是 img。属性的名称是 src。属性的值是 computer. gif。由于元素本身为空,它被一个 " /" 关闭。

(3) 实体是用于定义引用普通文本或特殊字符的快捷方式的变量。

(4) PCDATA 的意思是被解析的字符数据(parsed character data)。可把字符数据想象为 XML 元素的开始标签与结束标签之间的文本。

(5) CDATA 的意思是字符数据(character data)。CDATA 是不会被解析器解析的文本。

1. 元素

在 DTD 中,元素通过 ELEMENT 关键字声明,并包含了声明元素的名称和内容规范。元素名称必须符合 XML 命名规则,其内容可以分为 4 种类型:空、元素、复合和任意类型。在 DTD 中,XML 元素通过元素声明来进行声明。元素声明使用下面的语法:

```
<! ELEMENT 元素名称 类别 >
```

或者

```
<! ELEMENT 元素名称 (元素内容) >
```

(1) “<! ELEMENT”是元素声明的开始,并且这种书写方法是固定的,中间不能有空格,其中 ELEMENT 是 DTD 的关键字,必须大写。

(2) “ > ”表示声明的结束。

(3) “元素名称”就是在 XML 文档中使用的标记名称,其命名规则与标记的命名规则相同。

(4) “元素定义”规定该元素将包含哪些子元素以及子元素之间的顺序,或者对于不包含子元素的元素定义数据类型。元素定义的类型分为父元素(包含子元素的元素)、EMPTY(空元素)、ANY(自由类型元素)、包含文本字符串的元素(CDATA)。

1) 父元素

父元素下面通常包含有子元素,基本使用格式如下:

```
<! ELEMENT 元素名称 (子元素规则) >
```

子元素规则中,可以规定某元素的次数,没有加符号的只能出现一次,加上“?”的允许出现零或一次,加上“ + ”号至少要有一次,用“ * ”号可以出现任意次。用“,”决定元素出现的顺序。用“|”这个符号把可选择的子元素隔开,用在对子元素希望有选择项时使用(多选一)等。其规则如表 3 - 1所列。

表 3-1　子元素规则

<table>
<tr><th>符号</th><th>含义</th><th>例子</th></tr>
<tr><td>,</td><td>描述了元素的序列,相当于 and</td><td>a,b,c 或 name,age,sex,tel</td></tr>
<tr><td>|</td><td>可选择的,相当于 or;能且只能选一个
(一个名称只能用一次?)</td><td>Yellow|red 或 Party|League|Public
出错? blue|blue</td></tr>
<tr><td>(内容)</td><td>把内容分组,当作一个整体来对待</td><td>(a|b),c 或 a,(b|c)</td></tr>
<tr><td>?</td><td>前面的元素或分组可以出现 0 次或 1 次</td><td>Color? 或 (a,b)?</td></tr>
<tr><td>+</td><td>前面的元素或分组至少出现一次,没有上限</td><td>People + 或 (cat|dog) +</td></tr>
<tr><td>*</td><td>前面的元素或分组可以出现任意次数(0 次或多次)。是所有符号中最松散的一种</td><td>(name) * 或 (red|blue) *</td></tr>
</table>

例如,带有一个或多个子元素的元素通过圆括号中的子元素名进行声明。

```
<! ELEMENT 元素名称 (子元素 1,子元素 2,…子元素 n) >
```

这种格式要求相应的 XML 文档中的各个子元素必须而且只能出现一次,并且必须按照子元素列表中给定的顺序出现,否则 XML 文档将不能通过有效性验证。

示例:

```
<! ELEMENT DOG (Nickname,Breeder,Birthday,HowOld,Breed) >
```

2) 空元素

空元素是一种不包含任何子元素和文本的元素。如果一个元素已经被声明为空元素,而在 XML 文档中该元素又包含一定的内容,则此时文档将不能通过解析器的有效性检查。空元素通过类别关键词 EMPTY 进行声明:

```
<! ELEMENT 元素名称 EMPTY >
```

例子:

```
<! ELEMENT br EMPTY >
```

示例:

```
<br />
```

3) ANY

ANY 类型是指该元素中可以包含其他任何被声明过的元素,但是不能包含没有声名的元素;其次,被该元素包含的元素在出现顺序和次数上都不受限制;第三,在该元素中可以包含文本。ANY 将一系列的限制都解除了,其基本使用格式如下:

```
<! ELEMENT 元素名称 ANY >
```

示例:

```
<? xml version = "1.0" standalone = "yes" ? >
<! DOCTYPE DOG [
<! ELEMENT DOG ANY >
<! ELEMENT Nickname (#PCDATA) >
<! ELEMENT Breeder (#PCDATA) >
<! ELEMENT Birthday (#PCDATA) >
<! ELEMENT HowOld (#PCDATA) >
<! ELEMENT Breed (#PCDATA) > ] >
<DOG >
<Nickname >PoPo </Nickname >
<Nickname >Po_Brother </Nickname > <! —使用两次相同的标记 - - >
<HowOld >3 </HowOld >
<Breeder >Gary </Breeder >
<Birthday >10 /17 </Birthday >
<Breed >Husky </Breed >
This is my dog! <! —文本资料 - - >
< /DOG >
```

从上例可以看出,ANY 元素不限制用任何定义声明过的标记,也可以加上文本数据,对于标记的出现次序和次数也没有限制,但是要特别注意,即使元素是 ANY,但是在文档中还是不可以用没有在 DTD 中定义过的元素,否则就不是有效的文档了。

4) 文本数据类型 CDATA

只包含文本字符串的元素的类型,包括可解析的字符数据(#PCDATA)或 CDATA 段。

(1) 可解析的字符数据(#PCDATA)。#PCDATA 是 DTD 所定义的一种元素类型,是 XML 中默认的一种数据类型。该类型的元素只能包含可解析的字符数据(Parsed Character DATA,PCDATA),即只能是文本内容和 CDATA 段,它的语法如下:

```
<! ELEMENT 元素名称 (#PCDATA) >
```

XML 中有 5 个保留字符(见表 3 -2),比如" < "和"&"等在 XML 中是作为标记的特殊部分来处理的,当 XML 文档中的某个元素或属性值中必须使用这些符号时,就需要通过实体引用"<"、"&"等来实现文本的输入。

表 3 -2　XML 的 5 个保留字符

字 符	&	>	<	'	"
实体引用	&	>	<	'	"

示例:

```
<? xml version = "1.0"? >
< Book >
< BookName > &lt;&lt;The Bible&gt;&gt; < /BookName >
< Author > Unknown < /Author >
< Price > 69.88 < /Price >
< /Book >
```

通过浏览器看到的结果如图3-1所示。

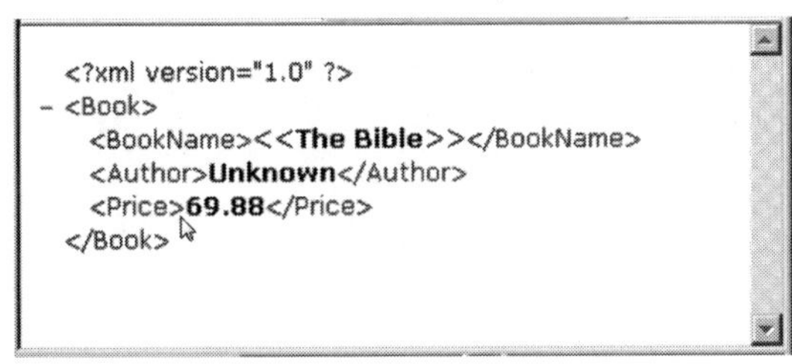
<?xml version="1.0" ?>
- <Book>
<BookName><<The Bible>></BookName>
<Author>Unknown</Author>
<Price>69.88</Price>
</Book>

图3-1　可解析的字符数据示例结果

但是,当XML文档中使用了较多的XML保留字,比如文档中含有一段程序,此时若仍然采用实体引用,则会降低文档的可读性,同时增加文本输入的工作量。在这种情况下,采用CDATA段是一个比较好的解决方法。

(2) CDATA段。CDATA(Character Data)段是一种用来包含文本的方法,其基本格式如下:

```
<! [CDATA[文本内容]]
```

其中的CDATA标记将通知XML处理器,不再解析它所包含的文本内容。意味着,在CDATA段中可以使用XML的保留字而不必通过实体引用。但是必须注意,CDATA段的文本内容中不应该含有“]] >”,因为这是CDATA段的结束字符串。

示例:

```
<? xml version = "1.0" encoding = "gb2312"? >
<! - - 使用CDATA段示例一:输出一段程序 - - >
<一条短信息>
<发送者>张同学</发送者>
<接收者>王老师</接收者>
<内容>王老师,下面是我编写的一个函数程序,不知道对不对,您替我看一下,好吗?
</内容>
<代码>
```

```
<![CDATA[
 function matchwo(a,b)
 {
   if (a < b && a < 0) then
   {
   return 1
   }
 else
   {
   return 0
   }
 }
]]>
</代码>
</一条短信息>
```

通过浏览器看到的结果如图 3-2 所示。

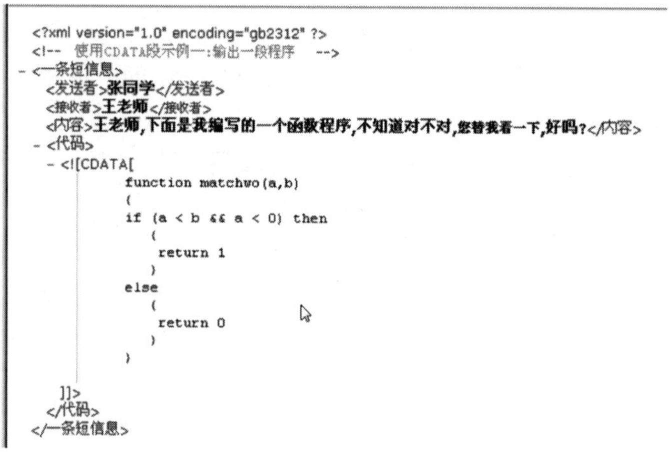

```
<?xml version="1.0" encoding="gb2312" ?>
<!-- 使用CDATA段示例一:输出一段程序 -->
- <一条短信息>
   <发送者>张同学</发送者>
   <接收者>王老师</接收者>
   <内容>王老师,下面是我编写的一个函数程序,不知道对不对,您替我看一下,好吗?</内容>
 - <代码>
  - <![CDATA[
          function matchwo(a,b)
          {
          if (a < b && a < 0) then
             {
              return 1
             }
          else
             {
              return 0
             }
          }
    ]]>
   </代码>
</一条短信息>
```

图 3-2　CDATA 段示例结果

5) 混合型元素

“混合型”元素是前面讨论过的元素的一种组合。它可以既包含元素,又包含字符数据 。混合型元素有它的语法:

(1) 只能用“|”来分隔选择性元素,不可以用“,”来分子元素。

(2) 只能指定出现次数为“ * ”,其他像“?”以及加号“ + ”都不能用。

(3) 或者都是#PCDATA 类型,或者是可以选择的其他元素。

示例:

```
<? xml version = "1.0" standalone = "yes"? >
<! DOCTYPE Person [
<! ELEMENT Person ( Name, Sex, Birthday, EducationDegree, Occupation +,
Spouse?, Address +, TEL * ) >
<! ELEMENT Name (#PCDATA) >
<! ELEMENT Sex (#PCDATA) >
<! ELEMENT Birthday (#PCDATA) >
<! ELEMENT EducationDegree (HighSchool |College |PostGraduate) >
<! ELEMENT HighSchool (Name) >
<! ELEMENT College (Name) >
<! ELEMENT PostGraduate (Name) >
<! ELEMENT Occupation ( #PCDATA |Academic |Student |ComputerRelative) * >
<! -Occupation 定义为混合型元素 >
<! ELEMENT Academic (#PCDATA) >
<! ELEMENT Student (#PCDATA) >
<! ELEMENT ComputerRelative (#PCDATA) >
<! ELEMENT Spouse (Person) >
<! ELEMENT Address (#PCDATA) >
<! ELEMENT TEL (#PCDATA) >
]>
<Person>
    <Name>Gary</Name>
    <Sex>Male</Sex>
    <Birthday>6/26</Birthday>
    <EducationDegree>
        <PostGraduate>
            <Name>NCTU</Name>
        </PostGraduate>
    </EducationDegree>
    <occupation>
        Tutor
        <ComputerRelative>WinSmart</ComputerRelative>
    </occupation>
    <Address>wuhan</Address>
    <TEL>02786551234</TEL>
```

```
    <TEL>02712345678</TEL>
</Person>
```

2. 属性

元素的属性直接就反映在标记上,是用来提供一些附加信息的,它可以是元素的内容之一。属性设置可以放在 DTD 定义中的任何地方,并且一个元素可以有一个以上的属性,如果 XML 在遇到相同的属性声明时,将以第一个声明为主。DTD 中的属性采用 ATTLIST 标记声明,由 AT-TLIST 关键字、属性修饰的元素名称及零或多个属性定义组成。DTD 中设置元素属性的声明如下:

```
<!ATTLIST 元素名称 属性名称 属性类型 属性值类型>
```

属性类型是指属性值可以用什么样的属性类型,规定其可以是什么样的字符、数据区块、实体或是其他属性的引用等。

1) 属性类型

在 DTD 的标准中一共有 10 种属性类型,如表 3-3 所列。

表 3-3　属性类型

属性类型	描　述
CDATA	值为字符数据 (character data)
(en1 | en2 | ...)	此值是枚举列表中的一个值
ID	值为唯一的 id
IDREF	值为另外一个元素的 id
IDREFS	值为其他 id 的列表
NMTOKEN	值为合法的 XML 名称
NMTOKENS	值为合法的 XML 名称的列表
ENTITY	值是一个实体
ENTITIES	值是一个实体列表
NOTATION	此值是符号的名称

(1) CDATA 。这种类型,在前面介绍中已经提到了,其代表的是文本字符数据。

示例:

```
<!ELEMENT ROOT ANY>
<!ATTLIST ROOT
Radius CDATA "12 inches"
name CDATA "zhang shan"
>
```

（2）枚举属性类型。当要定义的属性的属性值是有限时，为了确保数据转换或是输入时不键入其他的值，便可以用枚举的方法。

示例：

```
<? xml version = "1.0" standalone = "yes" ? >
<! DOCTYPE DOG [
<! ELEMENT DOG (Nickname,Breeder,Birthday,HowOld,Breed) >
<! ATTLIST DOG id CDATA #REQUIRED >
<! ATTLIST DOG sex (male |female) "male" >
<! ELEMENT Nickname (#PCDATA) >
<! ELEMENT Breeder (#PCDATA) >
<! ATTLIST Breeder lastname CDATA #IMPLIED >
<! ELEMENT Birthday (#PCDATA) >
<! ATTLIST Birthday year (1999 |1998 |1999 |2000) #IMPLIED >
<! ATTLIST Birthday type CDATA "AD" >
<! ELEMENT HowOld (#PCDATA) >
<! ELEMENT Breed (#PCDATA) >
] >
<DOG id = "beijing1001" sex = "female" >
<Nickname >PoPo < /Nickname >
<Breeder lastname = "Chen" >Gary < /Breeder >
<Birthday year = "1998" >10 /17 < /Birthday >
<HowOld >3 < /HowOld >
<Breed >Husky < /Breed >
< /DOG >
```

上面例子中DOG的sex属性和Birthday的year属性都是使用枚举的方法，用户只能就枚举的属性值来设置，这样就不会有错误使用的问题了。

（3）ID。ID唯一标识出一个单一的元素。只要有一个标记用过了该ID属性值，就不可以再有其他标记与此标记用相同的ID属性值。这个属性类型是经常要用到的，常见的身份证号、学号等都是唯一的。这时候用ID来区别其他的属性值，以保证其在文档内是唯一的元素。

示例：

```
<? xml version = "1.0" standalone = "yes" ? >
<! DOCTYPE DOG [
<! ELEMENT DOG (Nickname,Breeder *,Birthday,HowOld,Breed) >
<! ATTLIST DOG id NMTOKENS #REQUIRED
sex (male |female) "male" >
```

```
<! ELEMENT Nickname (#PCDATA) >
<! ELEMENT Breeder (#PCDATA) >
<! ATTLIST Breeder id ID #IMPLIED >
<! ELEMENT Birthday (#PCDATA) >
<! ATTLIST Birthday year (1999 |1998 |1999 |2000) #IMPLIED >
<! ATTLIST Birthday type CDATA "AD" >
<! ELEMENT HowOld (#PCDATA) >
<! ELEMENT Breed (#PCDATA) >
]>
<DOG id = "China beijing 1001" sex = "female" >
<Nickname > PoPo < /Nickname >
<Breeder id = "A1234" > Gary < /Breeder >
<Breeder id = "A1234" > Mary < /Breeder >
<Birthday year = "1998" >10 /17 < /Birthday >
<HowOld >3 < /HowOld >
<Breed > Husky < /Breed >
< /DOG >
```

上面例子中 Gary 和 Mary 这两位属主的 ID 属性值都一样,以 ID 的属性类型来说是不合法的,这两个属性 ID 的属主一样,使得这个 XML 文档不是有效的文档。

(4) IDREF。IDREF 就是 ID 引用,不过这里的引用和实体引用不太一样。实体引用是先声明,然后在其他地方再来引用;而 IDREF 只是要求设置成其他任何一个 ID 的属性值就可以了。使用 IDREF 可以建立元素之间的关系。

示例:

```
<? xml version = "1.0" standalone = "yes" ? >
<! DOCTYPE DOG [
<! ELEMENT DOG (Nickname,Breeder * ,Birthday,HowOld,Breed) >
<! ATTLIST DOG id NMTOKENS #REQUIRED
        sex (male |female) "male"
         BreederID IDREF #IMPLIED >
<! ELEMENT Nickname (#PCDATA) >
<! ELEMENT Breeder (#PCDATA) >
<! ATTLIST Breeder id ID #IMPLIED >
<! ELEMENT Birthday (#PCDATA) >
<! ATTLIST Birthday year (1999 |1998 |1999 |2000) #IMPLIED >
<! ATTLIST Birthday type CDATA "AD" >
<! ELEMENT HowOld (#PCDATA) >
```

```
<! ELEMENT Breed (#PCDATA) >
]>
<DOG id = "China beijing 1001" sex = "female" BreederID = "A123" > Error!
<Nickname > PoPo </Nickname >
<Breeder id = "A1234" >Gary </Breeder >
<Breeder id = "A5678" >Mary </Breeder >
<Birthday year = "1998" >10/17 </Birthday >
<HowOld >3 </HowOld >
<Breed >Husky </Breed >
</DOG >
```

这个例子中的 XML 文档不是一个有效的 XML 文档,因为在 DOG 中有一个属性 BreederID 是 IDREF 的属性类型,而在 XML 文档中使用的时候,却发现它没有和其他 ID 类型的属性值一样,所以这个例子不是有效的文档。只需把 BreederID 改成 Gary 和 Mary 的 ID 中的任何一个就是有效的了。例如把 BreederID = " A123" 改成 BreederID = " A1234" ,或者 BreederID = " A5678" 。

(5) IDREFS 。用来引用其他元素中的 ID 类型属性的值的列表,用空格隔开。IDREFS 就是可以包含很多 IDREF 的属性值。如果 IDREFS 所引用的 ID 值其中任何一个在文档中找不到,都会出错。

示例:

```
<? xml version = "1.0" standalone = "yes" ? >
<! DOCTYPE DOG [
<! ELEMENT DOG (Nickname,Breeder * ,Birthday,HowOld,Breed) >
<! ATTLIST DOG id NMTOKENS #REQUIRED
        sex (male |female) "male"
        BreederID IDREFS #IMPLIED >
<! ELEMENT Nickname (#PCDATA) >
<! ELEMENT Breeder (#PCDATA) >
<! ATTLIST Breeder id ID #IMPLIED >
<! ELEMENT Birthday (#PCDATA) >
<! ATTLIST Birthday year (1999 |1998 |1999 |2000) #IMPLIED >
<! ATTLIST Birthday type CDATA "AD" >
<! ELEMENT HowOld (#PCDATA) >
<! ELEMENT Breed (#PCDATA) >
]>
<DOG id = " China beijing 1001" sex = " female" BreederID = " A1234
```

```
A5678" >
    <Nickname > PoPo < /Nickname >
    <Breeder id = "A1234" > Gary < /Breeder >
    <Breeder id = "A5678" > Mary < /Breeder >
    <Birthday year = "1998" >10 /17 < /Birthday >
    <HowOld >3 < /HowOld >
    <Breed > Husky < /Breed >
    < /DOG >
```

(6) NMTOKEN 。与 CDATA 不一样的是,NMTOKEN 属性类型的限制较多,NMTOKEN 属性类型只可以使用下列字符:英文字母、数字、句点(.)、冒号(:)、下划线(_)及连字符(-),不能有空格。NMTOKEN 属性类型保证了良好的 XML 名称。

示例:

```
<? xml version = "1.0" standalone = "yes" ? >
<! DOCTYPE DOG [
<! ELEMENT DOG (Nickname,Breeder,Birthday,HowOld,Breed) >
<! ATTLIST DOG id NMTOKEN #REQUIRED
        sex (male |female) "male" >
<! ELEMENT Nickname ( #PCDATA) >
<! ELEMENT Breeder ( #PCDATA) >
<! ATTLIST Breeder lastname CDATA #IMPLIED >
<! ELEMENT Birthday ( #PCDATA) >
<! ATTLIST Birthday year (1999 |1998 |1999 |2000) #IMPLIED >
<! ATTLIST Birthday type CDATA "AD" >
<! ELEMENT HowOld ( #PCDATA) >
<! ELEMENT Breed ( #PCDATA) >
] >
<DOG id = "beijing1001" sex = "female" >
<Nickname > PoPo < /Nickname >
<Breeder lastname = "Chen" > Gary < /Breeder >
<Birthday year = "1998" >10 /17 < /Birthday >
<HowOld >3 < /HowOld >
<Breed > Husky < /Breed >
< /DOG >
```

上面例子把 DOG 的属性 ID 设置为 NMTOKEN,这样属性值就受到限制了,例如,两字有空格或是用到百分号等不属于前面提到的合法字符,都属于不合法的 DTD 定义了。

（7）NMTOKENS。NMTOKENS可以同时使用数个NMTOKEN属性类型的属性值，只要分别用空格分隔开就行了。

示例：

```
<?xml version="1.0" standalone="yes"?>
<!DOCTYPE DOG [
<!ELEMENT DOG (Nickname,Breeder,Birthday,HowOld,Breed)>
<!ATTLIST DOG id NMTOKENS #REQUIRED
sex (male|female) "male">
<!ELEMENT Nickname (#PCDATA)>
<!ELEMENT Breeder (#PCDATA)>
<!ATTLIST Breeder lastname CDATA #IMPLIED>
<!ELEMENT Birthday (#PCDATA)>
<!ATTLIST Birthday year (1999|1998|1999|2000) #IMPLIED>
<!ATTLIST Birthday type CDATA "AD">
<!ELEMENT HowOld (#PCDATA)>
<!ELEMENT Breed (#PCDATA)>
]>
<DOG id="China beijing 1001" sex="female">
<Nickname>PoPo</Nickname>
<Breeder lastname="Chen">Gary</Breeder>
<Birthday year="1998">10/17</Birthday>
<HowOld>3</HowOld>
<Breed>Husky</Breed>
</DOG>
```

（8）ENTITY。在ENTITY的属性类型中，是指属性值必须要引用到DTD中声明的任何二进制实体，如图片文档、程序、多媒体文档等，由于这些文档并不符合XML的标准，所以解析器并不会去解析这些实体。

示例：

```
<?xml version="1.0" standalone="yes"?>
<!DOCTYPE DOG [
<!ELEMENT DOG (Nickname,Breeder,Birthday,HowOld,Breed)>
<!ATTLIST DOG id CDATA #REQUIRED>
<!ATTLIST DOG sex CDATA "male">
<!ATTLIST DOG picture ENTITY #IMPLIED>
<!ENTITY MyPic SYSTEM "bg3.gif" NDATA GIF>
<!NOTATION GIF SYSTEM "/AcdSee.exe">
<!ELEMENT Nickname (#PCDATA)>
```

```
<! ELEMENT Breeder (#PCDATA) >
<! ATTLIST Breeder lastname CDATA #IMPLIED >
<! ELEMENT Birthday (#PCDATA) >
<! ATTLIST Birthday year CDATA #IMPLIED >
<! ATTLIST Birthday type CDATA "AD" >
<! ELEMENT HowOld (#PCDATA) >
<! ELEMENT Breed (#PCDATA) >
]>
<DOG id = "beijing1001" sex = "female" picture = "MyPic" >
<Nickname >PoPo < /Nickname >
<Breeder lastname = "Chen" >Gary < /Breeder >
<Birthday year = "1998" >10 /17 < /Birthday >
<HowOld >3 < /HowOld >
<Breed >Husky < /Breed >
< /DOG >
```

在这个例子中,先在 DOG 上设了一个属性为 picture,然后再把一个图片文档 bg3. gif 声明为一个实体。接着在 XML 文档中使用时,就用“实体引用”去引用到属性值上。gif 为二进制的图片文档,这种图片文档必须要用特定的程序来解读,由 <! NOTATION GIF SYSTEM "/ AcdSee. exe" > 指定图片文档打开的程序。

(9) ENTITIES 。ENTITIES 的属性类型和 ENTITY 其实是一样的,差别只是在于前者可以引用数个实体,且每个属性值都是 ENTITY,使用方法就是用空格来分隔这些实体。

示例:

```
<? xml version = "1.0" standalone = "yes" ? >
<! DOCTYPE DOG [
<! ELEMENT DOG (Nickname,Breeder,Birthday,HowOld,Breed) >
<! ATTLIST DOG id CDATA #REQUIRED >
<! ATTLIST DOG sex CDATA "male" >
<! ATTLIST DOG picture ENTITIES #IMPLIED >
<! ENTITY MyPic1 SYSTEM "bg3.gif" NDATA GIF >
<! ENTITY MyPic2 SYSTEM "bg2.gif" NDATA GIF >
<! NOTATION GIF SYSTEM "/AcdSee.exe" >
<! ELEMENT Nickname (#PCDATA) >
<! ELEMENT Breeder (#PCDATA) >
<! ATTLIST Breeder lastname CDATA #IMPLIED >
```

```
<! ELEMENT Birthday (#PCDATA) >
<! ATTLIST Birthday year CDATA #IMPLIED >
<! ATTLIST Birthday type CDATA "AD" >
<! ELEMENT HowOld (#PCDATA) >
<! ELEMENT Breed (#PCDATA) >
]>
<DOG id = "beijing1001" sex = "female" picture = "MyPic1 MyPic2" >
<Nickname >PoPo </Nickname >
<Breeder lastname = "Chen" >Gary </Breeder >
<Birthday year = "1998" >10/17 </Birthday >
<HowOld >3 </HowOld >
<Breed >Husky </Breed >
</DOG >
```

(10) NOTATION 。NOTATION 是用来指定应用软件,这些应用软件是用来解决 XML 解析器无法解读的文档。如在上一个例子中,bg2. gif 和 bg3. gif 都是 XML 解析器没有办法解析的文档,但是用语法告诉解析器这是 gif 文档,然后再用 NOTATION 在 DTD 定义中声明 gif 文档要用 Acdsee. exe 这个程序来打开。

2) 属性值类型

属性值类型是指示 DTD 定义的属性的取值类型,有 4 种值可以选择(见表3 4)。

表 3 -4　属性值类型

属性值类型	解释
默认值	属性的默认值
#REQUIRED	属性值是必需的
#IMPLIED	属性不是必需的
#FIXED value	属性值是固定的

(1) 默认值。默认值(Default)是指在标记如果没有指定属性值时,解析器会自动地去指定这个值;而如果在标记中指定了属性值,解析器会以你指定的值为主。

示例:

```
<? xml version = "1.0" standalone = "yes" ? >
<! DOCTYPE DOG [
<! ELEMENT DOG (Nickname,Breeder,Birthday,HowOld,Breed) >
<! ATTLIST DOG id CDATA #REQUIRED >
```

```
<! ATTLIST DOG sex CDATA "male" >
<! ELEMENT Nickname (#PCDATA) >
<! ELEMENT Breeder (#PCDATA) >
<! ATTLIST Breeder lastname CDATA #IMPLIED >
<! ELEMENT Birthday (#PCDATA) >
<! ATTLIST Birthday year CDATA #IMPLIED >
<! ATTLIST Birthday type CDATA "AD" >
<! ELEMENT HowOld (#PCDATA) >
<! ELEMENT Breed (#PCDATA) >
]>
<DOG id = "beijing1001" sex = "female" >
<Nickname > PoPo < /Nickname >
<Breeder lastname = "Chen" >Gary < /Breeder >
<Birthday year = "1998" >10/17 < /Birthday >
<HowOld >3 < /HowOld >
<Breed > Husky < /Breed >
< /DOG >
```

在这个例子中,分别用了两个默认值,除了 DOG 的 sex 之外,还有 Brithday 的 type 都是默认值。我们开始把 sex 默认成 male,而后来在标记中改成了 female。另外,例子中没有设置 type 这个属性,然而在解析的结果中解析器直接把默认值放进去了。

(2) #REQUIRED 。如果在 DTD 定义中将属性值类型设为"#REQUIRED",表示该属性是必需的,就不可以在 XML 文档中将此元素标记的属性省略而不予以设置。

示例:

```
<? xml version = "1.0" standalone = "yes" ? >
<! DOCTYPE DOG [
<! ELEMENT DOG (Nickname,Breeder,Birthday,HowOld,Breed) >
<! ATTLIST DOG id CDATA #REQUIRED >
<! ATTLIST DOG sex CDATA #REQUIRED >
<! ELEMENT Nickname (#PCDATA) >
<! ELEMENT Breeder (#PCDATA) >
<! ELEMENT Birthday (#PCDATA) >
<! ELEMENT HowOld (#PCDATA) >
<! ATTLIST HowOld year CDATA #REQUIRED >
<! ELEMENT Breed (#PCDATA) >
```

```
]>
<DOG id = "beijing1001" sex = "male">
<Nickname>PoPo</Nickname>
<Breeder>Gary</Breeder>
<Birthday>10/17</Birthday>
<HowOld year = "1998">3</HowOld>
<Breed>Husky</Breed>
</DOG>
```

在上面这个例子中,DOG 一共有 id 和 sex 这两个属性,属性类型为 CDTD,即表示这项属性的属性值是字符符号所组成的。而且,这个两个属性值是必需的,不可以省略,因为属性值类型设置为#REQUIRED。

(3) #IMPLIED 。当在 DTD 定义中将属性值设置为"#IMPLIED",表示在 XML 文档中,此元素标记的属性是可选的。

示例:

```
<?xml version = "1.0" standalone = "yes" ?>
<!DOCTYPE DOG [
<!ELEMENT DOG (Nickname,Breeder,Birthday,HowOld,Breed)>
<!ATTLIST DOG id CDATA #REQUIRED>
<!ATTLIST DOG sex CDATA #REQUIRED>
<!ELEMENT Nickname (#PCDATA)>
<!ELEMENT Breeder (#PCDATA)>
<!ATTLIST Breeder lastname CDATA #IMPLIED>
<!ELEMENT Birthday (#PCDATA)>
<!ATTLIST Birthday year CDATA #IMPLIED>
<!ELEMENT HowOld (#PCDATA)>
<!ELEMENT Breed (#PCDATA)>
]>
<DOG id = "beijing1001" sex = "male">
<Nickname>PoPo</Nickname>
<Breeder lastname = "Chen">Gary</Breeder>
<Birthday year = "1998">10/17</Birthday>
<HowOld>3</HowOld>
<Breed>Husky</Breed>
</DOG>
```

在上面这个范例中,Breeder 有 Lastname 属性,Birthday 有 year 属性,这两个属性与 DOG 的 id 属性的不同之处在于,它们是可选的。

(4) #FIXED。有时候,我们希望属性是固定的,例如单位的地址是北京,那电话区号应该都是(010),不可能是其他的区号,这样就可以设区号为(010)的固定值。

示例:

```
<? xml version = "1.0" standalone = "yes" ? >
<! DOCTYPE DOG [
<! ELEMENT DOG (Nickname,Breeder,Birthday,HowOld,Breed) >
<! ATTLIST DOG id CDATA #REQUIRED >
<! ATTLIST DOG sex CDATA #REQUIRED >
<! ELEMENT Nickname (#PCDATA) >
<! ELEMENT Breeder (#PCDATA) >
<! ATTLIST Breeder lastname CDATA #IMPLIED >
<! ELEMENT Birthday (#PCDATA) >
<! ATTLIST Birthday year CDATA #IMPLIED >
<! ATTLIST Birthday type CDATA #FIXED "AD" >
<! ELEMENT HowOld (#PCDATA) >
<! ELEMENT Breed (#PCDATA) >
]>
<DOG id = "beijing1001" sex = "male" >
<Nickname > PoPo < /Nickname >
<Breeder lastname = "Chen" > Gary < /Breeder >
<Birthday year = "1998" >10 /17 < /Birthday >
<HowOld > 3 < /HowOld >
<Breed > Husky < /Breed >
< /DOG >
```

在这个例子中,Birthday 这个元素设了两个属性,一个是属性 year 的"#IMPLIED",另一个就是 type 属性,它的属性值类型是"#FIXED",值取为"AD"。解析的结果如图 3-3 所示。

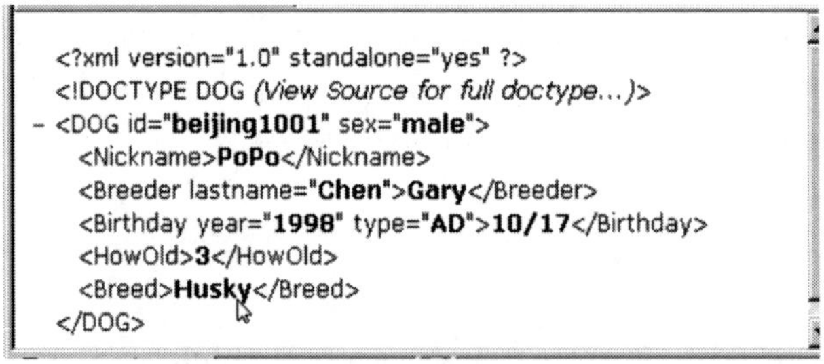

```
<?xml version="1.0" standalone="yes" ?>
<!DOCTYPE DOG (View Source for full doctype...)>
- <DOG id="beijing1001" sex="male">
    <Nickname>PoPo</Nickname>
    <Breeder lastname="Chen">Gary</Breeder>
    <Birthday year="1998" type="AD">10/17</Birthday>
    <HowOld>3</HowOld>
    <Breed>Husky</Breed>
  </DOG>
```

图 3-3 固定值属性示例

3. 实体

所谓实体(Entity)就是文档实际的内容,只要先在DTD定义中声明,实体就可以被XML文档所使用。通常,实体可按多种方法进行分类。

(1) 按保存/定义位置分类:

- 内部实体:是将声明和使用全部放在文档内部(DTD或XML文档内部),故称为内部的;用在DTD或XML文档内部。
- 外部实体:是要引用外部(DTD或XML文档外部)的实体声明,故称为外部的。例如GIF文档,Java程序,TXT文档。

(2) 按使用位置分类:

- 一般实体:"内部实体"和"外部实体"。用在DTD或XML文档内部。
- 参数实体:只用在DTD中。

(3) 按解析分类:

- 解析实体:可由XML解析器。
- 非解析实体:实体声明中使用NDATA确定。

内部实体都由XML解析器。外部实体可以是解析实体,也可以为非解析实体。

1) 内部实体的声明和使用

内部实体在DTD中的声明语法如下:

```
<! ENTITY 实体名称 实体定义 >
```

示例:

```
<? xml version = "1.0" standalone = "yes"? >
<! DOCTYPE Person [
<! ENTITY MyName "Gary" > <! - - MyName 实体声明 - - >
<! ENTITY MyBirthday "6/26" >    <! - - MyBirthday 实体声明 - - >
<! ELEMENT Person (Name,Birthday,spouse?,Address,TEL) >
<! ELEMENT Name (#PCDATA) >
<! ELEMENT Birthday (#PCDATA) >
<! ELEMENT spouse (Person) >
<! ELEMENT Address (#PCDATA) >
<! ELEMENT TEL (#PCDATA) >
]>
<Person>
<Name>&MyName;</Name> <! - - MyName 实体引用 - - >
<Birthday>&MyBirthday;</Birthday> <! - - MyBirthday 实体引用 - - >
<spouse>
```

```
<Person>
<Name>Mary</Name>
<Birthday>10/17</Birthday>
<Address>wuhan</Address>
<TEL>02712345678</TEL>
</Person>
</spouse>
<Address>wuhan</Address>
<TEL>02712345678</TEL>
</Person>
```

上例定义了两个实体 MyName 和 MyBirthday,而在 XML 文档中就可以使用实体引用的方式来引用在 DTD 中定义的实体。

上例中,首先在 DTD 中的定义:

```
<!ENTITY MyName "Gary">
<!ENTITY MyBirthday "6/26">
```

接着在 XML 中使用实体引用:

```
<Name>&MyName;</Name>
<Birthday>&MyBirthday;</Birthday>
```

实体引用与前面提到的对限定字实体引用的方法类似,先用引用符号“&”,接着是要引用的实体,最后用“;”来结束实体引用。

使用实体引用的好处:一是内容统一,如果用 DTD 定义了实体名称,在 XML 文档中就都可以使用一样的实体,而不会因为每个 XML 文档的用户由于在认识上的不同,用不同的实体;二是管理方便,比如要把“Gary”改成“Tom”,只要修改 Myname 这个实体定义就可以了,不需要在整个文档中一个一个地修改。

2)外部实体的声明和使用

外部实体的实体引用方法和内部实体一样,两者的差别在于实体的 DTD 声明不同。外部实体的声明有参数,外部实体声明的参数分别是 SYSTEM 和 PUBLIC 两个,其分别代表的含义和外部 DTD 声明很相似。外部实体可以是解析实体,也可以是非解析实体。

(1)外部解析实体的声明。

语法如下:

```
<!ENTITY 实体名称 参数 Entity_URL>
```

示例:

```
<?xml version="1.0" standalone="yes"?>
<!DOCTYPE Person [
```

```
<! ELEMENT Person (Name,Birthday,spouse?,Address,TEL) >
<! ELEMENT Name (#PCDATA) >
<! ELEMENT Birthday (#PCDATA) >
<! ELEMENT spouse (Person) >
<! ELEMENT Address (#PCDATA) >
<! ELEMENT TEL (#PCDATA) >
<! ENTITY MyWife SYSTEM "Wife.xml" >
]>
<Person>
<Name>Gary</Name>
<Birthday>6/26</Birthday>
<spouse>&MyWife;</spouse> <! --文档中的实体引用(
<Address>wuhan</Address>
<TEL>02712345678</TEL>
</Person>
```

引用到Mywife定义的外部文档Wife.xml如下所示：

```
<? xml version="1.0" ? >
<Person>
<Name>Mary</Name>
<Birthday>10/17</Birthday>
<Address>wuhan</Address>
<TEL>02712345678</TEL>
</Person>
```

（2）外部非解析实体的声明。

语法如下：

```
<! ENTITY 实体名称 参数 NDATA Entity_URL >
```

示例：

```
<? xml version="1.0" standalone="yes" ? >
<! DOCTYPE DOG [
<! ELEMENT DOG (Nickname,Breeder,Birthday,HowOld,Breed) >
<! ATTLIST DOG id CDATA #REQUIRED >
<! ATTLIST DOG sex CDATA "male" >
<! ATTLIST DOG picture ENTITIES #IMPLIED >
<! ENTITY MyPic1 SYSTEM "bg3.gif" NDATA GIF >
<! ENTITY MyPic2 SYSTEM "bg2.gif" NDATA GIF >
<! NOTATION GIF SYSTEM "/AcdSee.exe" >
<! ELEMENT Nickname (#PCDATA) >
```

```
<! ELEMENT Breeder (#PCDATA) >
<! ATTLIST Breeder lastname CDATA #IMPLIED >
<! ELEMENT Birthday (#PCDATA) >
<! ATTLIST Birthday year CDATA #IMPLIED >
<! ATTLIST Birthday type CDATA "AD" >
<! ELEMENT HowOld (#PCDATA) >
<! ELEMENT Breed (#PCDATA) >
]>
<DOG id = "beijing1001" sex = "female" picture = "MyPic1 MyPic2" >
<Nickname >PoPo </Nickname >
<Breeder lastname = "Chen" >Gary </Breeder >
<Birthday year = "1998" >10/17 </Birthday >
<HowOld >3 </HowOld >
<Breed >Husky </Breed >
</DOG >
```

在这个例子中,bg2.gif和bg3.gif都是XML解析器没有办法解析的文档,但是用语法告诉解析器这是GIF文档,然后再用NOTATION在DTD定义中声明GIF文档要用Acdsee.exe这个程序来打开。

3)参数实体的声明与使用

前面学习的内部实体和外部实体的引用都是在DTD中定义了实体之后,然后在XML文档中使用"实体引用",我们把这种方法称为"一般实体引用"。参数实体引用是在DTD定义中使用的,而不是像"一般实体引用"是XML文档中的。因此,参数实体引用只可以用在外部DTD定义中,因为它与XML文档没有什么联系,只是为了方便DTD的定义。参数实体的引用与"一般实体引用"定义语法不同的地方是多了一个百分比符号"%",用来表示这是参数实体。

内部参数实体引用定义的语法如下:

```
<! ENTITY % 实体名称 实体定义 >
```

外部参数实体引用定义的语法如下:

```
<! ENTITY % NAME SYSTEM URI >
<! ENTITY % NAME PUBLIC FPI URI >
```

当使用参数实体引用时,DTD定义一定要是外部DTD定义,下例中分别使用了两个参数实体:一个是"(Name,Birthday,spouse?,Address,TEL)",另一个是"(#PCDATA)"。在接下来的元素定义中,则都使用了参数实体引用来代替参数实体。这样,编写DTD定义时就会简洁易懂。

DTD文档示例:

```
<? xml version = "1.0"? >
```

```
<! ENTITY % PersonPM "(Name,Birthday,spouse?,Address,TEL)" >
<! ENTITY % PCD "(#PCDATA)" >
<! ELEMENT Person % PersonPM; >
<! ELEMENT Name % PCD; >
<! ELEMENT Birthday % PCD; >
<! ELEMENT spouse (Person) >
<! ELEMENT Address % PCD; >
<! ELEMENT TEL % PCD; >
```

XML文档示例：

```
<? xml version = "1.0" standalone = "no"? >
<! DOCTYPE Person SYSTEM "4 -11.dtd" >
<Person >
<Name >Gary < /Name >
<Birthday >6 /26 < /Birthday >
<spouse >
<Person >
<Name >Mary < /Name >
<Birthday >10 /17 < /Birthday >
<Address >wuhan < /Address >
<TEL >02786551234 < /TEL >
< /Person >
< /spouse >
<Address >wuhang < /Address >
<TEL >002712345678 < /TEL >
< /Person >
```

3.2.3　DTD小结

1. DTD的优越性

(1) 通过创建DTD,能够正式而精确地定义词汇表。所有词汇表规则都包含在DTD中。凡是未在DTD中出现的规则都不属于词汇表的一部分。许多解析器可以利用DTD验证文档实例的有效性。只要在文档实例中写入一条简单的声明语句,解析器就能够获取DTD,并将其中的内容与文档实例进行比较。

(2) XML创作工具也可以通过类似的方式使用DTD。一旦选择了DTD,创作工具就能够实施DTD中的规则,它根据DTD中说明的结构,仅允许用户在文档中添加DTD允许的元素或属性。

(3) XML 1.0 推荐标准专门描述了如何构建 DTD,以及如何将它与根据其中规则编写的文档相关联。它还定义了解析器应该对 DTD 执行的处理。如果配备了 DTD 这样的文档,程序员就不必为了确认对词汇表的理解程度与词汇表的设计者进行面对面的交流。文档本身也是用一种正式的(具有严格精确的格式)语法书写的,解析器就能够阅读这些规则。由此形成了一种可靠错误检测机制。解析器能够指出任何检测到的词汇表错误,你可以先修改这些错误,然后再着眼于应用程序的逻辑。

2. DTD 的局限性

目前,在很多领域(包括信息机构)仍然使用 DTD 对 XML 文档进行描述和约束,在实践过程中,DTD 不断暴露出这样那样的问题,很多是 DTD 本身的局限性所造成的。

(1) DTD 仅支持自身的特殊语法。由于 DTD 本身不是 XML 文档,所以 DTD 的创建和 XML 文档的编写存在着两套规则,一方面编写人员必须学习两套规则,另一方面有可能需要两套互不兼容的解析器,一个用于分析 XML 文档,判断其是否“形式良好”,另一个用于分析 DTD,确定其是否“有效”。

(2) DTD 支持的数据类型有限。DTD 规定文档内容必须都是字符数据,不支持数据型和布尔型,更缺少对其他复杂数据类型的支持。

(3) DTD 不支持命名域(Namespace)。传统的 DTD 机制不能体现 XML 良好的继承性和重用性。也就是说,DTD 虽然可以被不同的 XML 文档引用,但一个 XML 文档只能对应一个 DTD,不同的 DTD 无法对同一 XML 文档,哪怕是文档中的部分元素进行规定。

(4) DTD 缺乏良好的扩展性。即 DTD 无法清晰地描述元素(含子元素、属性等)相互间的关系,表现在相同内容的元素间没有联系,参数实体的不同属性间也不能建立联系。

(5) DTD 的内容模型不具备开放性,无法扩充,否则不能被解析。

3.3 XML Schema

3.3.1 XML Schema 简介

在 XML Schema 出现以前,XML DTD 一直是 XML 技术领域所使用的最广泛的模式。但是,由于 DTD 在 XML 之前就已经出现,因而它不可避免地不能完全满足 XML 处理的要求,例如不支持命名空间,缺乏对文档结构、属性、数据类型等约束的足够描述等。而 XML Schema 弥补了 DTD 的不足,逐渐成为 XML 的标准模式,并在很多应用中取代了 XML DTD。

针对 DTD 的种种问题,W3C 的 Schema 工作小组进行很长时间的研究,期间有一系列的研究成果,如"文献内容描述"(Document Content Description, DCD)、"资源描述框架"(Resource Description Framework, RDF)、"面向对象的 XML Schema"(Schema for Object - Oriented XML, SOX)以及 XML Data。Schema 工作小组通过分析以上方案的特性和优点,经整合形成 XML Schema 标准,并于 2001 年 5 月 2 日由 W3C 正式确定其建议标准。

XML Schema 规范由 3 部分组成:

(1) XML SchemaPart 0:Primer,讲述了什么是 Schema,Schema 与 DTD 的区别以及如何构造一个 Schema。

(2) XML SchemaPart 1:Structures,详细说明了描述 XML 文档结构和内容限制的方法,定义了支配文档 Schema 有效的规则。

(3) XML SchemaPart 2:Datatypes,定义了一个简单数据集合,允许 XML 软件更好地管理数据、数字以及其他信息形式。

XML Schema 是 W3C 制定的基于 XML 格式的 XML 文档结构描述标准。作为一种文档描述语言,通常将其简写为 XSD(XML Schema Define)。XSD 作为 DTD(文档类型定义)的替代者,已经广泛地应用到各种商业应用。使用 XSD,不仅可以描述 XML 文档的结构以便颁布业务标准,而且可以使用支持 XSD 的通用化 XML 解析器对 XML 文档进行解析,并自动检查其是否满足给定的业务标准。应用 XSD 校验 XML 文档的结构后,我们不仅验证了 XML 文档的有效性(Well - Formed Document),还验证了 XML 文档的合法性,甚至验证了 XML 文档各域的值合法性(数据类型与编码值),而且这些验证工作不必编写任何代码,只需使用支持 XSD 的通用化 XML 文档解析器即可完成。这就给应用软件带来了巨大的灵活性,以前需要借助数据库或配置文件才能完成的参数化管理,现在只需按照新的业务需求发布新的 XML Schema 即可。

下面列出一个 XML 文档及其 XSD 文档,使我们对 XSD 有个简单的认识。

XML 文档:

```
<? xml version = "1.0"? >
<note xmlns = "http://www.w3schools.com"
xmlns:xsi = "http://www.w3.org/2001/XMLSchema - instance"
xsi:schemaLocation = "http://www.w3schools.com note.xsd" >
<to > Tove < /to >
<from > Jani < /from >
<heading > Reminder < /heading >
<body > Don't forget me this weekend! < /body >
```

```
</note>
```

XSD 文档:

```
        <? xml version = "1.0"? >                                   (1)
        <xs:schema xmlns:xs = "http://www.w3.org/2001/XMLSchema"
                                                                    (2)
 targetNamespace = "http://www.w3schools.com"
 xmlns = "http://www.w3schools.com"
 elementFormDefault = "qualified" >
        <xs:element name = "note" >                                 (3)
        <xs:complexType >                                           (4)
          <xs:sequence >                                            (5)
              <xs:element name = "to" type = "xs:string" />         (6)
              <xs:element name = "from" type = "xs:string" />       (7)
              <xs:element name = "heading" type = "xs:string" />    (8)
              <xs:element name = "body" type = "xs:string" />       (9)
  </xs:sequence >
  </xs:complexType >
</xs:element >
</xs:schema >
```

说明如下:

(1) <? xml version = "1.0" ncoding = "UTF - 8"? >

XML 文档定义,描述本文档使用的 XML 标准版本及文档编码标准。

(2) <xs:schema xmlns:xs = "http://www.w3.org/ 2001/ XMLSchema"

```
targetNamespace = "http://www.w3schools.com"
xmlns = "http://www.w3schools.com"
elementFormDefault = "qualified" >
```

<xs:schema> 是所有 XSD 文档的根元素,其属性描述文档的命名空间及文档引用;xmlns:xs = "http://www.w3.org/2001/XMLSchema" 指示使用 xs:作前缀的元素、属性、类型等名称是属于 http://www.w3.org/2001/XMLSchema 命名空间的。

targetNamespace = "http://www.w3schools.com" 指示本文档定义的元素、属性、类型等名称属于 http://www.w3schools.com 命名空间。

xmlns = "http://www.w3schools.com" 指示缺省的命名空间是 http://www.w3schools.com,即没有前缀的元素、属性、类型等名称是属于该命名空间的。

elementFormDefault = "qualified" 指示使用本 XSD 定义的 XML 文档所使用的元素必须在本文档中定义,且使用命名空间前缀。

(3) <xs:element name = "note" >

定义一个元素,该元素的名称是 note,即 XML 中的 <note>。

(4) <xs:complexType>

<note>元素的类型是复杂类型,具体格式由子元素定义。

(5) <xs:sequence>

<note>元素的子元素必须按顺序出现。具体的顺序由子元素的定义顺序决定。

(6) <xs:element namc = "to" type = "xs:string"/>

定义一个元素 <to>,其类型是 string,且其是 <note>的第 1 个子元素。

(7) <xs:element name = "from" type = "xs:string"/>

定义一个元素 <from>,其类型是 string,且其是 <note>的第 2 个子元素。

(8) <xs:element name = "heading" type = "xs:string"/>

定义一个元素 <heading>,其类型是 string,且其是 <note>的第 3 个子元素。

(9) <xs:element name = "body" type = "xs:string"/>

定义一个元素 <body>,其类型是 string,且其是 <note>的第 4 个子元素。

从上面的说明可以看出我们描述的 XML 文档应满足这些要求:根元素是 <note>; <note>可以包含四个子元素,分别是 <to>、<from>、<heading>、<body>,且必须按 <to>、<from>、<heading>、<body>的顺序出现;四个子元素都是 string 类型的。

3.3.2 XML Schema 描述

1. 文档引用

XSD 支持命名空间和文档引用。通过命名空间,可以避免文档引用中可能导致的名称重复问题。W3C 规定 XSD 的命名空间使用 URI 作为名称。以前面的 XML 为例:

```
<note xmlns = "http://www.w3schools.com"
xmlns:xsi = "http://www.w3.org/2001/XMLSchema - instance"
xsi:schemaLocation = "http://www.w3schools.com note.xsd" >
```

xmlns = "http://www.w3schools.com" 指示本文档缺省的名空间,即没有前缀的所有的元素应在该空间中定义。

xmlns:xsi = "http://www.w3.org/2001/XMLSchema - instance" 指示本文档要引用 http://www.w3.org/2001/XMLSchema - instance 名空间定义的名称,其前缀是 xsi。

xsi:schemaLocation = "http://www.w3schools.com note.xsd" 指示本文档要引用的 http://www.w3schools.com 命名空间的 XSD 文档是 note.xsd。如果要引用多个命名空间的 XSD 文档,则使用空格分隔多个"Namespace xsd"。例如:http://www.acom.com a.xsd http://www.bcom.com b.xsd...。如果 XSD 文档没有使用命名空间,则使用 xsi:noNamespaceSchemaLocation = "note.xsd" 代替 xsi:schemaLocation。

2. 简单元素

简单元素指只包含 text 的 XML 元素,它没有任何子元素或属性,如:<sex>男</sex>。简单元素可以附加地定义其缺省值或固定值。XSD 定义简单元素的格式是:

```
<xs:element name = "xxx" type = "ttt" [default = "defval"] [fixed = "
fixedval"] >
```

其中 ttt 使用 XSD 标准定义的基本类型,即 xs:string、xs:decimal、xs:integer、xs:boolean、xs:date、xs:time 等。

示例:

这是一些 XML 元素:

```
<lastname>Smith</lastname>
<age>28</age>
<dateborn>1980-03-27</dateborn>
```

这是相应的简单元素定义:

```
<xs:element name = "lastname" type = "xs:string"/>
<xs:element name = "age" type = "xs:integer"/>
<xs:element name = "dateborn" type = "xs:date"/>
```

简易元素可拥有指定的默认值或固定值。当没有其他的值被规定时,默认值就会自动分配给元素。在下面的例子中,缺省值是 red:

```
<xs:element name = "color" type = "xs:string" default = "red"/>
```

固定值同样会自动分配给元素,并且无法规定另外一个值。在下面的例子中,固定值是 red:

```
<xs:element name = "color" type = "xs:string" fixed = "red"/>
```

3. XSD 属性

所有的属性均作为简易类型来声明。简单元素无法拥有属性。假如某个元素拥有属性,它就会被当作某种复合类型。但是属性本身总是作为简单类型被声明的。定义属性的语法是:

```
<xs:attribute name = "xxx" type = "yyy"/>
```

在此处,xxx 指属性名称,yyy 则规定属性的数据类型。XML Schema 拥有很

多内建的数据类型。最常用的类型是:

- xs:string;
- xs:decimal;
- xs:integer;
- xs:boolean;
- xs:date;
- xs:time。

示例:

这是带有属性的 XML 元素:

```
<lastname lang="EN">Smith</lastname>
```

这是对应的属性定义:

```
<xs:attribute name="lang" type="xs:string"/>
```

属性可拥有指定的默认值或固定值。当没有其他的值被规定时,默认值就会自动分配给元素。在下面的例子中,缺省值是 EN:

```
<xs:attribute name="lang" type="xs:string" default="EN"/>
```

固定值同样会自动分配给属性,并且无法规定另外的值。在下面的例子中,固定值是 EN:

```
<xs:attribute name="lang" type="xs:string" fixed="EN"/>
```

在缺省的情况下,属性是可选的。如需规定属性为必选,请使用 use 属性:

```
<xs:attribute name="lang" type="xs:string" use="required"/>
```

4. 限定

当 XML 元素或属性拥有被定义的数据类型时,就会向元素或属性的内容添加限定。假如 XML 元素的类型是“xs:date”,而其包含的内容是类似“Hello World”的字符串,元素将不会(通过)验证。

通过 XML schema,也可向 XML 元素及属性添加自己的限定。这些限定被称为 facet(限定面)。限定(restriction)用于为 XML 元素或者属性定义可接受的值,主要包含范围限定、长度限定、枚举值、模式匹配、空白处理等。

1) 范围限定

范围限定主要施加到数值型、日期型等类型,限制取值的范围。下面例子限定的取值范围是:0 <= 值 <= 120。

```
<xs:restriction base="xs:integer">
        <xs:minInclusive value="0"/>
        <xs:maxInclusive value="120"/>
</xs:restriction>
```

其他的值范围限定元素主要包括:

- fractionDigits:设置最大小数位数;
- totalDigits:指定精确的数值位数;
- maxExclusive:设置数值型的最大值(val < xxx);
- maxInclusive:设置数值型的最大值(val < = xxx);
- minExclusive:设置数值型的最小值(val > xxx);
- minInclusive:设置数值型的最小值(val > = xxx)。

2) 长度限定

长度限定施加到任何类型上限制值的长度,包括固定长度 <xs:length>、最大长度 <xs:maxLength>、最小长度 <xs:minLength> 三个限定元素。如:

```
<xs:restriction base = "xs:string" >
    <xs:length value = "8" />
</xs:restriction >
<xs:restriction base = "xs:string" >
    <xs:minLength value = "5" />
    <xs:maxLength value = "8" />
</xs:restriction >
```

3) 枚举值限定

枚举值限定限制元素或属性的值只能在给定的值列表中取值,并使用 base 属性指示值的数据类型,如:

```
<xs:restriction base = "xs:string" >
    <xs:enumeration value = "CNY" />
    <xs:enumeration value = "USD" />
    <xs:enumeration value = "JPY" />
</xs:restriction >
```

4) 模式匹配限定

模式匹配限定限制元素或属性的值应满足给定的模式要求,并使用 base 属性指示值的数据类型,如:

```
<xs:restriction base = "xs:string" >
    <xs:pattern value = "[a - z]" />
</xs:restriction >
```

以下是些模式匹配的示例:

- [a - z]:a ~ z 间的单个字符;
- [A - Z][A - Z]:两个字符,每个字符都在 A ~ Z 间;
- [a - zA - Z]:a - z 或 A ~ Z 间的单个字符;
- [abc]:单个字符 a 或 b 或 c;
- ([a - z]) *:零个或任意个字符 a ~ z;

- ([a-z][A-Z])+:一个或任意个字符对,每对字符大小写间隔出现;
- "a"|"b":值只能是 a 或 b,与枚举类似;
- [a-zA-Z0-9]{8}:精确的八个 a~z 或 A~Z 或 0~9 间的字符。

5）白处理限定

空白处理限定限制 XML 文档解析器如何处理值的组成空白字符,使用 <xs:whitespace>限定元素指示,如:

```
<xs:restriction base="xs:string">
    <xs:whiteSpace value="replace"/>
</xs:restriction>
```

value 可能的取值包括:

- replace:删除内容中的全部空白;
- preserve:保留内容中的全部空白;
- collapse:删除前导、后导空白,替换内容中的一个或多个空白为一个空格。

5. 复杂元素

1）定义

复杂元素指包含其他元素或属性的 XML 元素。在 XML Schema 中,有两种方式来定义复杂元素:一是复合结构,二是分离结构。

(1) 复合结构。复合结构是直接将复杂类型定义为复杂元素的子元素,其结构如下:

```
<xs:element name="xxx">
<xs:complexType>
      ...
        </xs:complexType>
</xs:element>
```

示例:

```
<xs:element name="employee">
<xs:complexType>
<xs:sequence>
<xs:element name="firstname" type="xs:string"/>
<xs:element name="lastname" type="xs:string"/>
</xs:sequence>
</xs:complexType>
</xs:element>
```

假如使用上面所描述的方法,那么仅有元素 employee 可使用所规定的复杂类型。请注意其子元素 firstname 和 lastname,被包围在指示器 <sequence> 中。

这意味着子元素必须以它们被声明的次序出现。

(2) 分离结构。分离结构则是将复杂类型定义在外部,由复杂元素引用。使用 type 属性,这个属性的作用是引用要使用的复合类型的名称,其结构如下:

```
<xs:element name = "xxx" type = "yyy" />
<xs:complexType name = "yyy" >
    ...
</xs:complexType >
```

示例:

```
<xs:element name = "employee" type = "personinfo"/>
<xs:complexType name = "personinfo" >
<xs:sequence >
<xs:element name = "firstname" type = "xs:string"/>
<xs:element name = "lastname" type = "xs:string"/>
</xs:sequence >
</xs:complexType >
```

如果使用了上面所描述的方法,那么若干元素均可以使用相同的复合类型。示例:

```
<xs:element name = "employee" type = "personinfo"/>
<xs:element name = "student" type = "personinfo"/>
<xs:element name = "member" type = "personinfo"/>
<xs:complexType name = "personinfo" >
<xs:sequence >
<xs:element name = "firstname" type = "xs:string"/>
<xs:element name = "lastname" type = "xs:string"/>
</xs:sequence >
</xs:complexType >
```

2) 分类

有 4 种类型的复合元素:空元素、包含其他元素的元素、仅包含文本的元素、包含元素和文本的元素。

(1) 空元素。空元素通常使用 <xs:complexType> 描述:

```
<xs:element name = "product" >
    <xs:complexType >
        <xs:attribute name = "prodid" type = "xs:positiveInteger"/>
    </xs:complexType >
</xs:element >
```

或使用 <xs:simpleContent> 描述,这种格式通常在元素包含属性和文本时使用。

```
<xs:element name = "product" >
    <xs:complexType >
        <xs:simpleContent >
            <xs:restriction base = "xs:integer" >
                <xs:attribute name = "prodid" type = "xs:positiveIn-
teger" />
            </xs:restriction >
        </xs:simpleContent >
    </xs:complexType >
</xs:element >
```

(2) 包含其他元素的元素。

```
<xs:element name = "name" >
    <xs:complexType >
        <xs:sequence >
            <xs:element name = "firstname" type = "xs:string" />
            <xs:element name = "lastname" type = "xs:string" />
        </xs:sequence >
    </xs:complexType >
</xs:element >
```

(3) 仅包含文本的元素。文本总是基本类型或简单类型的，因此其描述使用扩展基本类型。

使用 <xs:extension > 扩展基本类型如下：

```
<xs:element name = "somename" >
    <xs:complexType >
        <xs:simpleContent >
            <xs:extension base = "basetype" >
            ...
            </xs:extension >
        </xs:simpleContent >
    </xs:complexType >
</xs:element >
```

或使用 xs:restriction 扩展类型：

```
<xs:element name = "somename" >
    <xs:complexType >
        <xs:simpleContent >
            <xs:restriction base = "basetype" >
```

```
            ...
            </xs:restriction>
        </xs:simpleContent>
    </xs:complexType>
</xs:element>
```

如果元素包含属性和文本,则描述格式如下:

```
<xs:element name="shoesize">
    <xs:complexType>
        <xs:simpleContent>
            <xs:extension base="xs:integer">
                <xs:attribute name="country" type="xs:string" />
            </xs:extension>
        </xs:simpleContent>
    </xs:complexType>
</xs:element>
```

(4) 包含元素和文本的元素。如果子元素间夹杂了文本,则文本总被认为是 xs:string 的,因此只需描述子元素的组成,并使用 mixed="true" 指示本元素是混合结构的元素。如下列描述:

```
<xs:element name="letter">
        <xs:complexType mixed="true">
          <xs:sequence>
                <xs:element name="name" type="xs:string"/>
                    <xs:element name="orderid" type="xs:posi-
tiveInteger"/>
                <xs:element name="shipdate" type="xs:date"/>
            </xs:sequence>
        </xs:complexType>
</xs:element>
```

3.3.3 XML Schema 小结

与 DTD 不同,Schema 本身就是 XML 文档,而且具有 DTD 的功能,也是定义 XML 文档结构和语法的标准。由于 XML Schema 将 DTD 重新按照 XML 语言规范来定义,充分体现出 XML 自描述性的特点,也解决了 DTD 存在的种种弊端。

1. XML sehema 的丰富数据类型

XML Schema 规范提供了丰富的数据类型。其中不仅包括一些内嵌的数据类型,例如:string,inieger,boolean,time,date 等,规范还提供了定义新类型的能力,如 comPlexTyPe 和 simPleType。开发者可以利用内嵌的数据类型和用户定义的数据类型,有效地定义和限制 XML 文档的属性和元素值。在 DTD 中,基本上只支持文本类型,这一点上,XML schema 有了重要的发展。

2. 继承和复用

XML Schema 支持继承是它的另一特点。可以利用从已经存在的模式中获得某些类型而构造新的模式,也可以在不需要时将获得的类型使之无效。同时,XML Schema 能将一个模式分成单独的组件,这样,在写模式文档时,就可以正确地引用已经定义的组件。继承性使得软件复用更加有效,帮助开发者避免了每一次创建都要从零开始,极大地缩短了 XML 软件开发过程,方便了代码维护,提高了编程效率。

3. 与命名空间紧密联系

XML schema 与 XML Namespace 紧密联系,使得在一个命名空间中创建元素和属性非常容易。这种联系简化了使用多个命名空间定义多个模式的 XML 文档的创建和验证文档有效性。

4. 易于使用

XML schema 是由 XML 1.0 自描述的,易于理解和书写,也易于使用。可以利用 XML 解析器对 XSD 模式文档进行解析,可以用 XML 文档对象模型(DOM)和 XML 简单的应用编程接口(SAX)对其进行操纵,使用 XML 编辑器编辑,或者利用可扩展样式语言 XSL 进行转换。简而言之,与 DTD 不同的是,XSD 模式文档可以被当成 XML 文档对待。

3.4　DTD 与 Schema 分析比较

3.4.1　实例分析

下面通过一个例子对比 DTD 和 Schema,从而分析出 Schema 的优势。XML 文档:"note. xml"。

```
<? xml version = "1.0"? >
<note >
    <to >George </to >
    <from >John </from >
    <heading >Reminder </heading >
    <body >Don't forget the meeting! </body >
</note >
```

下面这个例子是名为 "note. dtd" 的 DTD 文件,它对上面那个 XML 文档的

元素进行了定义:

```
<! ELEMENT note (to,from,heading,body) >
<! ELEMENT to (#PCDATA) >
<! ELEMENT from (#PCDATA) >
<! ELEMENT heading (#PCDATA) >
<! ELEMENT body (#PCDATA) >
```

第 1 行定义 note 元素有 4 个子元素:to,from,heading,body。第 2~5 行定义了 to,from,heading,body 元素的类型是“#PCDATA”。

下面这个例子是一个名为“note. xsd”的 XML Schema 文件,它定义了上面那个 XML 文档的元素:

```
<? xml version = "1.0"? >
<xs:schema xmlns:xs = http://www.w3.org/2001/XMLSchema
targetNamespace = "http://www.w3school.com.cn"
xmlns = " http://www. w3school. com. cn " elementFormDefault = " quali-
fied" >
    <xs:element name = "note" >
        <xs:complexType >
            <xs:sequence >
                <xs:element name = "to" type = "xs:string" />
                <xs:element name = "from" type = "xs:string" />
                <xs:element name = "heading" type = "xs:string" />
                <xs:element name = "body" type = "xs:string" />
            </xs:sequence >
        </xs:complexType >
    </xs:element >
</xs:schema >
```

note 元素是一个复合类型,因为它包含其他的子元素。其他元素(to,from,heading,body)是简易类型,因为它们没有包含其他元素。对 DTD 的引用此文件包含对 DTD 的引用:

```
<? xml version = "1.0"? >
<! DOCTYPE note SYSTEM "http://www.w3school.com.cn/dtd/note.dtd" >
<note >
<to >George </to >
<from >John </from >
<heading >Reminder </heading >
<body >Don't forget the meeting! </body >
```

```
</note>
```

此文件包含对 XML Schema 的引用：

```
<? xml version = "1.0"? >
<note
xmlns = "http://www.w3school.com.cn"
xmlns:xsi = "http://www.w3.org/2001/XMLSchema - instance"
xsi:schemaLocation = "http://www.w3school.com.cn note.xsd" >
<to > George </to >
<from > John </from >
<heading > Reminder </heading >
<body > Don't forget the meeting! </body >
</note >
```

通过对比可以看出，DTD 由于采用了非 XML 语法格式，不能很好地满足 XML 自动化处理的要求，缺乏对文档结构、元素、属性、数据类型等约束的足够描述。与 XML - Schema 相比，DTD 具有以下的局限性：

(1) 对数据类型提供的支持有限，且只适用于属性。

(2) 约束定义能力不足，无法对 XML 实例文档做出更细致的语义限制。

(3) DTD 定义不够结构化，重用的代价相对比较高。

(4) 不使用 XML 语法，无法采用一致的方式来处理 XML 文档和 DTD。

(5) 对名称空间仅提供了有限的支持。

3.4.2 元素的定义

DTD 制定于 XML 出现之前，没有遵循 XML 规范，而 XML Schema 实际上就是一个 XML 文档，因此它们有着完全不同的格式。例如，定义一个元素时，DTD 用这样的语法：

```
<! ELEMENT customer (firstName,lastName) >
```

可以看到，该定义不但用了不合规定的名字字符（如字符“!”），而且 ELEMENT 标识没有关闭，没有引用的属性。

而 XML Schema 文档中的完成相同功能的定义如下：

```
<xsd:element name = "person" >
    <xsd:complexType >
        <xsd:sequence >
            <xsd:element name = "firstName" type = "xsd:string" />
            <xsd:element name = "lastName" type = "xsd:string" />
        </xsd:sequence >
    </xsd:complexType >
```

```
</xsd:element>
```

XML Schema 允许元素的内容取空值,因而可更灵活地描述数据,而 XML DTD 则没有此功能。

例如:

```
<xsd:element name="city"nullable="true"/>
```

XML DTD 与 XML Schema 都支持对子元素节点顺序的描述,但 XML DTD 没有提供对于无序情况的描述,亦即如果以 XML DTD 来描述元素的无顺序出现情况,它必须采用穷举元素各种可能出现的排列顺序的方式来实现,这种方法不仅繁琐,有时甚至是不现实的。例如:

```
<!ELEMENT box ((length,width) |(width,length)) >
```

用 XML Schema 来实现子元素的无序描述要简单得多,XML Schema 提供了 <all>标记来描述这种情况:

```
<xsd:complexType>
    <xsd:all>
            <xsd:element ref="length"/>
            <xsd:element ref="width"/>
    </xsd:all>
</xsd:complexType>
```

3.4.3 属性的定义

XML DTD 以关键字#IMPLIED,#FIXED 和#RE - QUIRED 来指定属性是否出现,并支持属性缺省值的定义。XML Schema 则提供了更明确的标记来实现清晰易懂的表示。XML Schema 废弃了 XML DTD 的# IM - PLIED,不再支持属性的隐含状态,而要求必须给出明确的状态,并以 prohibited 来表示属性的禁用。对于缺省值的表达则更为直观,用 default 直接给出。

XML Schema 允许开发人员基于已有的数据类型,定义自己的数据类型。

DTD 的定义:

```
<!ATTLIST TestDTD testAttribute1 CDATA #IMPLIED>
<!ATTLIST TestDTD testAttribute2 CDATA #REQUIRED>
<!ATTLIST TestDTD testAttribute3 CDATA #FIXED"3">
```

XML Schema 的定义:

```
<xsd:attribute name="TestAr1"type="xsd:string"use="option-al"
    default="3"/>
<xsd:attribute name="TestAr2"type="xsd:string"use="prohib-
ited"/>
```

```
<xsd:attribute name ="TestAr3"type ="xsd:string"use ="re - quired"
    fixed ="3"/>
```

3.4.4 数据类型

XML Schema 与 XML DTD 相比有一个显著的区别,就是对数据类型的支持。XML DTD 提供的数据类型只有 CDATA, Enumerated, NMTOKEN, NMTOKENS 等10种内置类型,这样少的数据类型通常无法满足文档的可理解性和数据交换的需要。XML Schema 则不同,它内置了19种基本数据类型,它们是所有数据类型的基础。且规定了25种内置派生类型,派生数据类型可以含有元素或混合内容,而且可以有属性。通过将数据类型表示为由 value space, lexical space 和 facet 三部分组成的三元组而获得更大的灵活性。但是,XML Schema 数据类型的真正灵活性来自于其对用户自定义类型的支持。XML Schema 提供两种方式来实现数据类型的定义。

1. 简单类型定义(simpleType)

在 XML Schema 内置的数据类型基础上或其他由 XML Schema 内置的数据类型继承或定义所得到的简单的数据类型基础上,通过 restriction, list 或者 union 方式定义新的数据类型。例如:

```
<xsd:attribute name = "length" >
  <xsd:simpleType >
    <xsd:restriction base = "xsd:positiveInteger" >
      <xsd:minInclusive value = "1" />
      <xsd:maxInclusive value = "100" />
    </xsd:restriction >
  </xsd:simpleType >
</xsd:attribute >
```

2. 复合类型定义(complexType)

该方法提供了一种功能强大的复杂数据类型定义机制,可以实现包括结构描述在内的复杂的数据类型。例如:

```
<xsd:complexType name = "RGB" >
  <xsd:sequence >
    <xsd:element name = "red"type = "xsd:unsigedByte" />
    <xsd:element name = "green"type = "xsd:unsigedByte" />
    <xsd:element name = "blue"type = "xsd:unsigedByte" />
  </xsd:sequence >
</xsd:complexType >
```

3.4.5 命名空间

在XML中引入命名空间的目的是为了能够在一个XML文档中使用其他XML文档中的一些具有通用性的定义(通常是一些元素或数据类型等的定义),并保证不产生语义上的冲突。XML DTD并不能支持这一特性,而XML Schema则很好的满足了这一点。例如,如果在一个文件中用一个有多个含义的name元素,可以加一个命名空间来说明含义:

```
<product:name xmlns:product = "http://www.acme.com/prod - ucts" > #
car < /product:name >
<person:name xmlns:person = "http:/www.acme.com/persons" > Gates
< /person:name >
```

创建一个XML Schema文件时,必须声明一个命名空间(或是一个默认的命名空间,或是一个本地的命名空间):

```
<? xml version = "1.0"encoding = "UTF - 8"? >
< xsd:schema xmlns:xsd = "http://www. w3 . org/2001 /XML Schema" >
  <! - - Schema definitions go here - - >
< /xsd:schema >
```

3.4.6 注释

XML DTD和XML Schema都支持“<! -注释内容 - - >”这样的注释方法,但是XML Schema提供了更灵活和有用的注释方式:documentation和appinfo。它们提供了面向读者和应用的注释。

```
<xsd:annotation >
  <xsd:documentation >面向用户和应用的注释< /xsd:docu - mentation >
  <xsd:appinfo >
  //这是一段C语言代码
  < /xsd:appinfo >
< /xsd:annotation >
```

3.4.7 对API的支持

DOM(文档对象模型)和SAX(简单的XML应用编程接口)可能是开发人员最常使用到的XML API(应用编程接口)。DOM和SAX只对XML实例文档有效,虽然可以通过它们实现以XML DTD来验证XML文档,但是DOM和SAX却没有提供解析XML DTD文档内容的功能,也就是说无法通过DOM或SAX来得到DTD中元素、属性的声明和约束的描述。但是在基于XML DTD的数据交换过程中,一些应用程序需要得到 DTD 本身的描述内容和结构,以方便对 XML 文档中数据的处理,例如在使用关系数据库存储 XML 文档的过程中就涉及如何将 XML DTD 映射为关系模式描述的问题。为了实现对 XML DTD 的解读,研究人员必须为 XML DTD 开发新的接口或者专用工具,这带来了很大的不便。由于 XML Schema 本身就是一个 XML 文档,所以可以通过使用 DOM 或 SAX 等 XMLAPI 很容易地解析 XML Schema,这就实现了 XML 文档与其描述模式处理方式的一致性,利于数据的传输和交换。

3.4.8　对数据库的支持

目前如何将关系数据表示为 XML 数据和如何实现基于关系数据库的 XML 数据存储、查询和更新,已经成为了研究的热点。然而,由于 XML Schema 成为正式推荐标准的时间较晚,加之 XML DTD 语法相对简单,所以现在大部分的研究和应用都是基于 XML DTD 展开的。但是,XML DTD 在对关系数据的描述方面明显存在着不足,例如 XML DTD 有限的数据类型根本无法完成对关系数据数据类型的一一映射,也无法实现大部分的数据规则的描述。XML Schema 提供了更多的内建数据类型,并支持用户对数据类型的扩展,基本上满足了关系模式在数据描述上的需要,这一点可以作为 XML Schema 比 XML DTD 更适合描述关系数据的一个主要的原因。

Schema 可以理解为 DTD 的发展,它实现了 DTD 的所有功能,规范了 XML 文档的标记和文本可能的组合形式,很大程度克服了 DTD 的局用性,最重要的是 Schema 本身就是 XML 文档。与 DTD 相比,Schema 具有以下优势:

(1) 一致性。Schema 利用了 XML 自身的特性,用 XML 的基本语法规则来定义 XML 文档的结构,实现了由内到外的统一。不仅容易编辑,也能够使用 XML 工具来解析,这是 Schema 较 DTD 的一个本质变化。

(2) 扩展性。Schema 是对 DTD 的扩充,具有较强的可扩展性。例如,Schema 支持更多的数据类型,还可以通过简单的数据类型生成更复杂的数据类型,并且允许用户自定义数据类型。例如,对“资源类型、格式、关联”的数据类型可根据 DC 规范所列举的类型,结合各馆的实际情况,定义成枚举型,以确保数据的规范性。此外,Schema 还引入了命名域的概念,能在同一文档中加载多个 Schema 定义。更为重要的是,Schema 所定义的内容模式是开放的,其原型可以更新。

(3) 互换性。Schema 文档具备良好的互换性,并且通过映射机制,可以将不同的 Schema 进行转换,以实现高层次的数据交换。这样,即使针对不同类型的资源定义不同的 Schema,也能基于 XML 实现统一的检索。

(4) 规范性。与 DTD 比较而言,Schema 提供了一套更为规范、完整的机制,以约束 XML 文档中置标的使用。如,能定义可以出现在文档中的元素、元素间的关系、元素的子元素、子元素的属性以及元素出现的顺序和次数等。

Schema 可以看成是 DTD 的发展,具有 DTD 的全部功能。两者之间可以建立不完全的映射关系,DTD 向 Schema 的映射可以看作是完全的,而其逆向映射则一定是不完全的。所以,前者向后者的转换可以理解为"完全转换",而后者向前者的转换则是"有损转换"。从实践的角度看,前者向后者的转换意义大,用途广,适合把原有的 DTD 转换为 Schema 后进行扩充完善,以求更好的系统支持。由于后者是前者的发展,因实际工作中很少使用,一般只用作研究、比较,即使是"有损转换",也并无大碍。

虽然 XML Schema 比 DTD 可以满足更多、更广领域的需求,但 DTD 在短期内也还是有它一定优势的:

(1) 目前大多数的面向 XML 应用,都对 XML DTD 做了很好的支持,XML DTD 的工具也相对较为成熟,一般情况下,这些应用和工具并不会选择以 XML Schema 替换 XML DTD 的方式对其升级,更多的选择应该是二者都支持。当然,对于那些对数据交换或者描述能力要求较高、XML DTD 已不能满足功能需求的应用来说,以 XML Schema 来代替 XML DTD 已成为一种必然趋势。

(2) 当前大多数与 XML 模式相关的算法研究都是基于 XML DTD 展开的,作为一种研究的延续,并不会轻易放弃 XML DTD 的研究成果,但是,针对 XML Schema 的研究将会成为一个新的热点。

(3) 在一些相对要求简单的处理环境中,XML DTD 仍然会占有它的一席之地。

第4章 XML 显示控制

XML 已经成为用于 IETM 描述数据、交换数据的通用中性语言与规范。XML 不仅是 IETM 实现数据共享与交互的基础,而且是实现 IETM 数据内容与表现形式的分离,实现 IETM 按照信息集实施创作管理、按照使用需求实施显示发布的开发与应用模式的基础。基于 XML 的 IETM 数据中没有关于显示数据样式的信息,它的显示则交给层叠样式表(Cascading Style Sheet,CSS)和可扩展样式语言(eXtensible Stylesheet Language,XSL)来完成。

本章主要介绍 XML 显示控制语言 XSL 和 CSS 的相关概念与基本语法,结合典型数据模块介绍其在 IETM 中的应用,目的是使读者了解 CSS 和 XSL 在基于 CSDB 的 IETM 数据显示与发布的作用与基本用法。

4.1 CSS 和 XSL 概述

4.1.1 CSS

CSS 是 W3C 制定并发布的一个网页排版样式标准,用来对 HTML 有限的表现功能进行补充。CSS 并不是一种程序设计语言,而是一种用于网页排版的标记性语言,其全部信息都是以纯文本的形式存在于一个文档中,因此可以利用任何一个文本编辑工具去编写 CSS 文档。

在 CSS 没有出现以前,在进行 HTML 文档设计的时候,不同的设计人员都有自己的样式风格。如果大家都按照各自的风格去设计同一个网站,而没有统一的风格,则显得样式很杂乱,影响了整个网站的观赏。有了 CSS,可以把整个网站的样式信息都放在一个文档里。每个网页在执行的时候都可以调用这个 CSS,这样就能达到统一样式的要求。同样,可以用多个 XML 文档调用同一个 CSS 文档,这就保证了多个 XML 文档样式的一致性。CSS 具有以下几点技术优势:

(1) 数据重用,编写好的 CSS 文档,可以用于多个 XML 文档,从而达到了数据重用的目的,节省了编写代码的时间,统一了多个 XML 文档的风格。

(2) 轻松地增加网页的特殊效果,使用 CSS 标记,可以非常简单地对图片、文本信息进行修饰,设置相关属性,便于维护网页。

(3) 元素定位更加准确,使用 CSS,使显示的信息按创作人员的意愿出现在指定的地方。

4.1.2 XSL

可扩展的样式语言 XSL,是专门针对于 XML 文档的样式而提出来的一种规则,能够使 XML 文档得到更加有效的表现。XSL 文档实际上是 XML 文档的一种延伸,是由 XML 语言形成的一个 XML 应用程序,主要提供定义规则的元素和显示 XML 文档,从而实现文档内容和表现形式的分离。

XSL 有两种功能:一是转换 XML 文档,XSL 是为 XML 的样式显示而设计的语言,可以把 XML 文件转换成 HTML、XML 或其他的文档,即将 XML 文档架构转换成另一个 XML 架构的文档,或转换为非 XML 文件;二是格式化 XML 文档,即格式化元素内容的样式,以便显示出 XML 文档。一个 XSL 包含多个设计规则和显示方式,从 XML 文档中提出来的数据依据 XSL 规定的显示方式来显示。这种转换采用公开的方式,使其更加容易、方便地为程序员服务。XSL 还提供多种脚本语言的通道,可以满足语言对它的操作,以满足更为复杂的应用需求。本章主要介绍利用 XSL 的第二种功能,即将以 XML 格式存储的 IETM 要素内容进行格式化转换,包括将 IETM 的 XML 数据文件转换成 HTML、过滤和分类 XML 数据、对一个 XML 文档的部分进行寻址、基于数据值来格式化 XML 数据(如用红色显示负数)、向不同设备输出 XML 数据(如:向屏幕、纸张或声音)。通过这些转换实现对 IETM 内容的显示与应用。

4.1.3 CSS 和 XSL 的不同

CSS 和 XSL 均属于样式单的一种,都可以用来设定文档的外观,但其二者的用途、处理结果、表现能力、语法规则等方面还存在以下几点不同:

1. 用途不同

CSS 最早是针对于 HTML 提出的,后来又将其应用于 XML 之中,它既可以为 HTML 文档中的各个成分设定样式,又可以为 XML 中的成分设定样式。XSL 是专门针对 XML 提出的,它不能处理 HTML 文档。但它有一个 CSS 无法达到的功能,即用一个命令行将一个 XML 文档转换为另一个文档并存盘。

2. 处理结果不同

XSL 采用的是一种转换的思想,它将一种不含显示信息的 XML 文档转换为另一种可以用某种浏览器浏览的文档,转换后的输出码或者存为一个新的文档,或者暂存于内存中,但都不修改源代码。而 CSS 则没有任何转换动作,只是针对结构文档中的各个成分,依照样式规定一一设定外观式样,再由浏览器依据这些式样显示文档,在整个过程中没有任何新码产生。

3. 表现能力不同

在 XSL 中定义的 90% 的样式规定,实际上在 CSS 中都有定义。但仍然有一些效果是 CSS 无法描述的,必须使用 XSL。这些功能包括文本的置换,例如,将一个美国的时间表示格式转换为一个中国的时间表示格式;根据文本内容决定显示方式,例如,将 60 分以上的分数用黑色显示,60 分以下的分数用红色显示;将数据模块中的元素按照某一个子元素的值进行排序,例如将零部件按价格进行排序。此外,还有对于超链接的支持,对于 FRAME 的支持,对于某些语种文字从上到下、行从右到左的排列格式的支持等,都是 XSL 所独有的。

4. 语法不同

XSL 是根据 XML 的语法进行定义的,实际上又是 XML 的一种应用。而 CSS 的语法自成体系,且比较简单,易学易用。

4.2　CSS 基本语法

CSS 由一组样式规则组成,通过这组样式规则来决定浏览器用什么样的样式来显示具体的内容。

一个样式规则由 3 部分组成:选择符(selector)、属性(properties)和属性的取值(value),其语法为:selector{property:value;}(选择符{属性:值;})。选择符是自定义的标记,属性和值要用冒号隔开,每种属性之间用分号隔开。在 XML 文档中通常是下面的形式:XML 自定义元素{属性:属性值;}。

如果有多个标记的内容需要由完全一样的方式来显示,“选择符”就是把这些标记的名称用逗号分隔的字符串。任何常用的字体处理软件都具有 CSS 支持的大多数样式。例如,可选择字体、字体的粗细、字号、背景颜色、各种元素的间距、元素周围的边框等。

4.2.1　元素定位控制

1. position

属性 position 是一个比较基本的属性,用来决定 XML 元素在网页中的位置,其他许多属性都在它的基础上发挥作用。position 的语法结构是:XML 元素名{position:关键字},其中的关键字包括 absolute(绝对定位)、relative(相对定位)和 static(静态定位)。

2. top,left,width,height

严格来说,width 和 height 并不是 CSS 的定位属性,但在我们确定一个元素位置后,就要确定该元素的大小,故放在一起。它们的语法结构比较相似,就一起列出来。XML 元素{属性:属性值},其中属性就是 top,left,width,height,而属性值有三种形式:数值、百分比、自动。top,left 表示该元素所在位置的左上角的坐标位置,一个为横坐标,一个为纵坐标。如果此时 position 的值是绝对定位,则表示此坐标位置是以浏览器窗口和上一级的元素的左上角为原点的;如果是相对定位,则表示以该元素原始位置的左上角的原点来定义自己的位置;如果是静态定位,则对二者不起作用。widht 和 height 表示该元素的宽度和高度。

4.2.2 长度控制

长度单位是 CSS 中一项非常重要的内容,它为我们设定的长度数量规定了一个标准。正确地选择长度单位能够让我们的设计意图更准确地表达出来,而不恰当地选择长度单位可能导致网页内容显得杂乱无章。

长度通常的表达形式为:长度符号 + 数值 + 单位。长度符号有两个,一个是"+"号,表示正长度值;一个是"-"号,表示负长度值。若不写符号表示默认为正长度值。长度的单位分为以下 3 种形式。

1. 绝对长度单位

绝对长度单位的使用范围比较有限,通常只有在确定了输出设备的物理特征之后,才可以使用物理长度单位,如表 4-1 所列。

表 4-1 "绝对长度单位"表

单位名称	说明	单位名称	说明
pc	1pc = 12point	cm	厘米,印刷单位
pt	1pt = 1/72inch	in	英寸,印刷单位
mm	毫米,印刷单位		

2. 相对长度单位

使用相对长度单位,可以使需要定义尺寸的元素以默认尺寸为标准来相应地按比例缩放文档,这样就不会产生难以辨认的情况,如表 4-2 所列。

表 4-2 "相对长度单位"表

单位名称	说 明	单位名称	说 明
px	代表计算机屏幕上一点	ex	表示字体中字幕 x 的高度
em	表示字体的高度的单位		

3. 百分比长度单位

百分比单位是一个比较特殊的单位,百分比的值是相应属性占该元素的元素(即上一级的百分比)的百分率。

4.2.3 颜色值

在CSS中有以下几种方式表示颜色的值,分别是:十六进制色彩控制、RGB值、颜色名称。

十六进制色彩控制:使用十六进制数可以实现对色彩更精确的控制,其格式为#336699。十六进制色彩控制详见webreference.com。

RGB值:利用RGB值设定色彩时,与图像应用软件类似,R代表红色、G代表绿色、B代表蓝色,基本格式为:xml元素{color:RGB(51,204,0)},每个数值范围从0到255。

颜色名称:CSS所用的颜色名称与常用的称呼方式相同,其中16种基本色为:aqua,black,blue,fuchsia,gray,green,lime,maroon,navy,olive,purple,red,silver,teal,white,yellow。

4.2.4 URL值

有3个CSS属性可以包括URL值:background - image、list - style - image和简略语属性list - style。

4.2.5 文本显示方式

文本显示方式,就是在XML文档中该文本是否显示,如果显示,则以什么样的方式显示。在XML文档中,通常用display的属性的值来设置文本的组织和显示方式。该属性的命令格式如下:XML元素{display:属性值;}。该属性的值有4种方式,分别是block、line、list - item、none。4种显示方式之间可以进行嵌套。

4.2.6 字体显示方式

在XML文档中,和字体相关的属性有:font - family,font - style,font - variant,font - weight,font - size。每个属性相应的取值情况如下。

(1) font - family:用来设置一种字体的类型,实际上就是字体的名称,如果名称中有空格,则属性值需要用双引号括起来。

(2) font - style:用来设置字体的风格,控制斜体字的属性,其属性值可以是normal或italic,可能还有一种是oblique。

(3) font - variant:用来设置将正常文字缩小一半后大写显示,该属性的值有 normal 和 small - caps。

(4) font - weight:用来设置字体的对比度和亮度。

(5) font - size:用来设定字体的大小。

4.2.7 文本控制

CSS 不但能很好地控制 XML 中所使用的文字,它在控制 XML 文档的编排上也同样出色。这个工作主要通过设置 XML 元素相应的文本属性来实现。CSS 的文本属性包括对网页中文字和字符的修饰、转换、排列、间距、行距和段落编排等。其属性分别为:text - align, text - indent, text - transform, text - decoration, vertical - align, letter - spacing, line - height。

(1) text - align:表示文本在文档中对齐的方式。

(2) text - indent:用来定义该元素的第一行的文本缩进量。

(3) text - transform:用来控制字母的大小写转换。

(4) text - decoration:用来设置文本的一些相关的特性,增加一些修饰。

(5) vertical - align:用来设定文本的垂直对齐方式。

(6) letter - spacing:用来控制字符之间的间隔。

(7) line - height:用来设定文本之间的行距。

4.2.8 边框样式

CSS 是描述绘制输出内容的一块画布。在这块画布上绘制的元素被包围在虚拟的矩形中,这些矩形称为框。这些框总是平行于画布的边缘放置。通过设置框的属性可以使人们制定单个框的宽度、高度、页边距、大小和位置。我们可以按文本的显示方式添加相应的文本框。与文本边框相关的属性包括:

(1) border - style:用来设定文本具有边框,该属性设置后其他相应的边框属性才能设置。

(2) border - top - width:用来设定边框上边的宽度。

(3) border - right - width:用来设定边框右边的宽度。

(4) border - bottom - width:用来设定边框底边的宽度。

(5) border - left - width:用来设定边框左边的宽度。

(6) border - right:用来设定边框右边的样式。

(7) border - bottom:用来设定边框底边的样式。

(8) border - left:用来设定边框左边的样式。

(9) border - color:用来设定边框的颜色。

4.2.9　边缘样式

边缘是文本周围不可见的区域，主要指该XML元素和上一级元素的边框之间的距离。如果文本是按块(block)显示的，边缘就是块的边缘，依此类推。和边缘有关的属性包括：

(1) margin - top：用来设置该XML元素的上边缘距离。

(2) margin - right：用来设置该XML元素的右边缘距离。

(3) margin - bottom：用来设置该XML元素的底边缘距离。

(4) margin - left：用来设置该XML元素的左边缘距离。

4.2.10　颜色和背景样式

颜色和背景是文档设计时两个重要因素，一个颜色搭配协调、背景优美的文档总是能够吸引人的注意力。CSS在控制颜色和背景方面表现出强大的功能。

如果需要设置文本的颜色，即文档的前景色，通常使用color属性，其命令格式为：XML元素{color：颜色值；}。

XML元素的背景可设置成一种颜色或一幅图片。如果设置为一幅图片，那么此图片可相对于元素内容加以定位。和元素的背景相关的属性分别如下：

(1) background - color：用来设定背景的颜色。

(2) background - image：用来设置背景显示的图片。

(3) background - repeat：用来设置显示的图片的大小小于提供的背景的范围的时候，该图片是怎样覆盖背景，即设置图像是否通过重复出现来平铺背景。

(4) background - attachment：用来决定背景图片是否随文本一起滚动。

(5) background - position：用来确定背景图像相对于前景内容的位置。

4.2.11　设置鼠标

鼠标的形状有时也需要改变。在XML文档中设置鼠标形状主要通过CSS样式表来设置，其属性名称为cursor，其命令格式为：XML元素{cursor：关键值；}。关键值的取值为：auto，help，wait，text，hand，move，default，ne - resize，nw - resize。

4.2.12　层叠样式

在XML文档中通过display属性来设置文本的组织和显示方式，比如可以设置文本以块的形式显示，或以列表的形式显示等。如果在一个文档的上面设置了块，还可以设置相应的坐标和大小，这时可能会发生块之间的重叠，一个块可能遮挡住了另外一个块的一部分,或者我们有意要在文档中出现重叠效果,这时,可以通过 CSS 的属性 z-index 来设置。

z-index 属性主要用来定义 XML 元素在显示的时候在立体方向上 z 轴的数值。该属性的命令格式为:XML 元素{z-index:整数或 auto;}。auto 是个关键字,是该属性的默认值,这时会按出现的先后顺序排列。整数可以是正整数也可以是负整数,该整数值越大,显示得就越接近顶层;越小,就越接近底层。

4.3 XSL 基本语法

XSL 样式文件是扩展名为“.XSL”的文本文件。和 XML 文件类似,XSL 样式文件的内容也是由标记及所包含的内容组成,只不过按照 W3C 规范,这些标记都有着特殊的意义,以便 XSL 处理器可以处理它们。XSL 样式文件和 XML 文件一样都是严格规范的文件,遵守相同的语法要求。

4.3.1 XSL 模板

XML 数据的样式显示,需要一种样式文件来指定数据显示的方式。这种样式放在 XSL 文件中,XSL 文件中用来定义样式的元素称为模板。模板是一系列规则的集合,如果 XSL 文件使用模板,整个文件必须是该模板中规则的体现。一个 XML 元素对应一个特定模板,该 XML 显示的样式依据模板的内容决定。

XML 处理器首先从根模板处进行转换,若发现根模板存在模板调用标记,就会到 XML 文件中寻找所有相匹配的标记,当找到这些标记后,再到 XSL 文件中,为这些标记寻找相应的模板,一旦找到该标记匹配的模板,就会对该标记的内容实施 XSL 转换,并将转换后的文本嵌入到 HTML 中。并且对其他模板进依次遍历,指导 XSL 文件执行完毕。假如为一个标记定义多个模板,那么只有最后的那个模板起作用。

1. XSL 基本结构

XSL 的基本结构也是一个树状结构,该结构的根元素名称为 stylesheet,在这个元素中要指定所引用的命名空间。紧跟其后是它的子标记模板标记及其他各类子标记。XSL 文件是具有清晰结构的一种文件,由若干个模板所构成,但必须有一个是主模板。如下面的指令所示:

```
<xsl:stylesheet>
主模板
<xsl:template match="/">
模板内容
```

```
</xsl:template>
.....
模板
<xsl:template match="标记匹配模式">
模板内容
</xsl:template>
</xsl:stylesheet>
```

2. XSL 根标记

XSL 样式文件的第 1 句声明指令,其中的编码方式要求和关联的 XML 一致。紧接着是 XSL 的根元素,其语法格式如下:

```
<xsl:stylesheet xmlns:xsl="http://www.w3.org/TR/WD-xsl">
.....
</xsl:stylesheet>
```

XSL 样式文件根标记的名称必须为“xsl:stylesheet”。如果准备让浏览器的 XSL 处理器实现 XSL 变换,根标记必须有命名空间,命名空间的名字必须是“http://www.w3.org/TR/WD-xsl”,该命名空间表明这里处理的是 XSL 文件。

3. XSL 模板标记

从 XSL 架构中可以看出,一个 XSL 样式文件是由一系列的模板组成的。模板被封装在根标记中,作为根标记“xsl:stylesheet”的子标记出现,模板标记的名称是“template”。其语法如下:

```
<xsl:template match="标记匹配模式">
模板内容
</xsl:template>
```

一个模板的“模板内容”可以由标记 HTML 和子标记 XSL 组成,XSL 处理器在做变换时对 HTML 标记不实施变换,只对 XSL 标记实施操作变换,将变换结果嵌入到 HTML 标记中形成中间文件(HTML 文件)。

模板标记中必须有 match 属性,该属性的取值是一个特殊的字符串,称作模板的“标记匹配模板”,其实就是满足一定条件的一组标记,主要用来指定要从 XML 文档中哪个标记处开始寻找和获取数据。例如,假设 IETM 的 XML 数据文件的标记为“equipment”,那么有下列模板:

```
<xsl:template match="equipment/*">
模板内容
</xsl:template>
```

该模板是 IETM 的 XML 数据文件中“equipment”标记以下的任何子标记都能匹配的模板。

在各模板中有一个特殊模板是“主模板”，其特殊性主要体现在该模板中 match 属性的值为“/”，如下所示：

```
<xsl:template match="/" >
模板内容
</xsl:template>
```

4. XSL 处理流程

XSL 处理器必须要找到主模板，然后开始实施 XSL 交换，即 XSL 处理器是从主模板开始实施 XSL 交换。在主模板中会包含调用其他模板的“模板调用”标记。例如调用：

```
<xsl:template match="/" >
   <xsl:template match="thead" >
</xsl:template>
<xsl:template match="thead" >
  <tr style="border-bottom:solid black 0.5pt;" >
    <xsl:apply-templates/>
  </tr>
</xsl:template>
<xsl:template match="row" >
  <tr>
    <xsl:apply-templates/>
  </tr>
</xsl:template>
<xsl:template match="entry" >
  <td style="padding-top:5px;bottom:5px;right:20px;" >
    <xsl:apply-templates/>
  </td>
</xsl:template>
```

处理 IETM 的数据模块的文件 XML 片断时，

```
<thead>
   <row>
     <entry>
          常见故障
     </entry>
     <entry>
          现象
     </entry>
```

```
      <entry>
        原因
      </entry>
    </row>
</thead>
```

XSL 处理器工作流程为：

(1) XSL 处理器从主模板开始实施交换，主模板中执行模板调用标记

```
<xsl:template match="thead">
```

即到 XML 片断中找到所有与“thead”相匹配的 XML 标记。

(2) 按照标记找到 XSL 中与之相匹配的模板，找到的模板为

```
<xsl:template match="thead">
  <tr style="border-bottom:solid black 0.5pt;">
    <xsl:apply-templates/>
  </tr>
</xsl:template>
```

(3) 对找到的“thead”模板进行交换，设置表格中的行的边框属性，XSL 处理器继续向后执行，紧接是另一个模板调用标记 <xsl:apply-templates/>。

(4) 与主模板调用类似，依次调用其子元素相匹配的模板调用标记

`<xsl:template match="row">`和`<xsl:template match=" entry ">`

(5) 对找到的 4 个“row”和“entry”按顺序将内容进行交换。

转换生成的 HTML 文件如下：

```
<tr style="border-bottom:solid black 0.5pt;">
<tr>
<td style="padding-top:5px;bottom:5px;right:20px;">常见故障</td>
<td style="padding-top:5px;bottom:5px;right:20px;">现象</td>
<td style="padding-top:5px;bottom:5px;right:20px;">原因</td>
</tr>
</tr>
```

4.3.2 XSL 模板与标记匹配

XSL 处理器对 XSL 文件的变换从主模板开始，在主模板中会有调用其他模板的模板调用标记，然后调用其他模板。XSL 样式文件中除了主模板外，还有其他为指定元素创建的模板。怎样来确定某个模板究竟是为哪些标记建立，是哪个标记的显示样式，哪个模板适合哪个标记，就涉及模板与标记的匹配。

1. 与文档中的子标记匹配

在 XML 文档中，XSL 样式文件中针对子标记建立模板及设定显示样式，“标

记匹配模式"取值可以是该子标记的名字或根标记的名字和子标记的名字用"/"连接。

通过下列实例来看 XML 子标记的匹配模式。

```
<reqpers>
  <person man="甲"></person>
  <perscat category="底盘工"></perscat>
  <personskill skill="拆卸" level="高级" mark="90" change="改进"
></personskill>
  <esttime>100min</esttime>
</reqpers>
```

上例为 <reqpers> 的一个 XML 片断, <reqpers> 下有 <person>、<perscat>、<personskill>、<esttime> 4 个子标记。下面的四个模板分别是这 4 个子标记的匹配模板。

```
<xsl:template match=" person ">
    模板内容
</xsl:template>
<xsl:template match=" perscat ">
    模板内容
</xsl:template>
<xsl:template match=" personskill ">
    模板内容
</xsl:template>
<xsl:template match=" reqpers/esttime ">
    模板内容
</xsl:template>
```

而下面的模板:

```
<xsl:template match=" reqpers/* ">
    模板内容
</xsl:template>
```

则是针对 <reqpers> 下所有子标记的匹配模板,它与 <person>、<perscat>、<personskill>、<esttime> 均能匹配。

2. 与任意级别的子标记匹配

在 match 属性中用路径信息或特殊的路径符号,可以实现与任意级别的子标记元素的匹配。

```
<step2>
  <multimedia>
```

```
        <title>我要看3D</title>
        <multimediaobject autoplay ="1" fullscrn ="0" boardno ="999"
multimediaclass ="edz"></multimediaobject>
      </multimedia>
    </step2>
```

上面的例子根标记为<step2>，<multimedia>为其子标记，<multimediaobject>是<multimedia>的子标记，匹配<multimediaobject>主要有以下几个形式：

```
<xsl:template match=" step2/multimedia/multimediaobject ">
    模板内容
</xsl:template>
<xsl:template match=" step2/*/* ">
    模板内容
</xsl:template>
<xsl:template match=" step2/*/multimediaobject ">
    模板内容
</xsl:template>
<xsl:template match=" step2//multimediaobject ">
    模板内容
</xsl:template>
```

3. 与指定属性的标记核匹配

通常使用“标记[@属性]”或者“标记[@属性='属性值']可以建立匹配具有指定属性的标记，或者指定属性及属性值的标记模板。上节例子对<multimediaobject>的模板如下：

```
<xsl:template match=" //multimediaobject [@ autoplay='1']">
    模板内容
</xsl:template>
```

4. 带条件的标记匹配

可以在标记后使用“[]”，为相匹配的标记添加限制条件。例如可以限制标记必须具有指定的子标记、指定的属性、指定的属性值等。

下面的模板用于限制标记必须具有某个标记，表示模板虽然是匹配<multimedia>，但要求<multimedia>必须有<multimediaobject>子标记。

```
<xsl:template match=" step2/multimedia [multimediaobject] ">
    模板内容
</xsl:template>
```

下面的模板用于限制标记必须具有多个条件中的一个标记,表示模板虽然是匹配 <multimedia>,但要求 <multimedia>必须有 <title>或 <multimediaobject>子标记。

```
<xsl:template match = " step2/multimedia [multimediaobject |title] ">
    模板内容
</xsl:template>
```

下面的模板用于限制标记的子标记内容必须为指定字符串,表示模板虽然是匹配 <multimedia>,但要求 <title>的内容必须为“我要看 3D”。

```
<xsl:template match = " step2/multimedia [title = '我要看 3D'] ">
    模板内容
</xsl:template>
```

4.3.3 XSL 中的常用标记

1. 模板调用标记

在一个 XSL 样式表文件中可以存在多个模板,但只有一个主模板,XSL 文件的转换顺序是从主模板开始,然后调用其他模板。在 XSL 文件中调用其他模板的标记是“xsl:apply – templates”。

(1) 带 select 属性的模板调用标记,其语法格式如下:

```
<xsl:apply-templates select = "标记匹配模式">
```

是具有条件的 XSL 模板调用标记。

(2) 不带 select 属性的模板调用标记,其语法格式如下:

```
<xsl:apply-templates>
```

是不带 select 属性的模板调用标记。该模板调用标记中没有“标记匹配模板”,需要作为其他标记的子标记使用,例如,“xsl:for – each”标记。格式如下:

```
<xsl:for-each select = "标记匹配模式">
<xsl:apply-templates/>
</xsl:for-each>
```

(3) 模板调用标记的执行过程。对于带 select 属性的模板调用标记,XSL 处理器首先根据 select 属性值“标记匹配模式”到 XML 文档中寻找所有能和“标记匹配模式”匹配上的 XML 标记,然后按照先后顺序为这些标记到 XSL 样式单文件中找寻相匹配的模板,一旦找到,就对该模板的内容实施 XSL 交换,并将交换的文本嵌入到 HTML 文件中。

对于不带 select 属性的模板调用标记,应当作为“xsl:for – each”标记的子标记使用。XSL 处理器执行“xsl:for – each”标记的过程如下:

步骤1:以循环方式在XML文档中搜寻能与"xsl:for-each"标记中的"标记匹配模式"相匹配的XML标记,寻找到一个以后,执行步骤2,否则结束"xsl:for-each"标记的执行。

步骤2:在步骤1找到和"xsl:for-each"标记中的"标记匹配模式"相匹配的XML标记基础上,对"xsl:for-each"标记内容实施变换。注意这里的模板调用标记后不带select属性,则其调用的模板应该是"xsl:for-each"标记的"标记匹配模式"匹配上的标记的任意子标记的模板。

下面IETM数据模块的XML文档片断中,"row"标记有3个"entry"子标记,在XSL文件中对这3个标记所包含的文本,使用了"xsl:for-each"和调用模板标记来实现。

```
Example.xml
<?xml version="1.0" encoding="utf-8"?>
<?xml stylesheet href="example.xsl" type="text/xsl"?>
.....
<thead>
    <row>
      <entry>
            常见故障
      </entry>
      <entry>
            现象
      </entry>
      <entry>
          原因
      </entry>
    </row>
</thead>
example.xsl
<?xml version="1.0" encoding="utf-8"?>
<xsl:stylesheetversion="1.0" xmlns:xsl="http://www.w3.org/1999/
XSL/Transform">
<xsl:template match="/">
<xsl:template match="thead">
</xsl:template>
<xsl:template match="thead">
   <tr style="border-bottom:solid black 0.5pt;">
```

```
      <xsl:apply - templates/>
    </tr>
  </xsl:template>
  <xsl:template match = "row" >
    <xsl:for - each select = "entry" >
    <td style = "padding - top:5px;bottom:5px;right:20px;" >
  <xsl:apply - templates/>
  </xsl:for - each>
    </td>
  </xsl:template>
  </xsl:stylesheet>
```

2. 非主模板调用其他非主模板

在 XSL 中关于模板调用标记不仅可以用在主模板中,也可以用于其他子模板中,表示在一个非主模板中可以使用模板调用标记"xsl:apply - templates"来调用其他的非主模板。其执行情况也是先根据"标记匹配模式"到 XML 文档中寻找匹配的标记,然后再到 XSL 中寻找相匹配的模板,一旦找到,就对该模板内容进行变换。

一个非主模板调用其他的非主模板,一般用来输出 XML 标记的子标记包含的文本数据。例如,一个模板 a 负责输出某个 XML 标记包含该文本数据,而另一个模板 b 负责输出该标记的子标记所包含的文本数据,那么 XSL 在主模板中调用 a,然后在 a 模板中再调用 b。

下面利用上节的 Example. xml 片断,重新关联 XSL 模式单文件(example2. xsl),在该样式单中采用了非主模板对非主模板的调用。

```
Example2.xsl
  <? xml version = "1.0" encoding = "utf -8"? >
  <xsl:stylesheet version = "1.0" xmlns:xsl = "http://www.w3.org/1999/
XSL/Transform" >
  <xsl:template match = "/" >
  <xsl:template match = "thead " >
  </xsl:template>
  <xsl:template match = "thead" >
    <tr style = "border - bottom:solid black 0.5pt;" >
      <xsl:apply - templates select = "thead/row" />
    </tr>
  </xsl:template>
  <xsl:template match = "row" >
```

```
  <td style="padding-top:5px;bottom:5px;right:20px;">
   <xsl:apply-templates select="//entry"/>
  </td>
<xsl:apply-templates/>
<xsl:template match="entry">
   <td style="padding-top:5px;bottom:5px;right:20px;">
     <xsl:value-of/>
   </td>
</xsl:template>
</xsl:template>
</xsl:stylesheet>
```

3. xsl:value-of 标记

在 XML 文档中提取某个标记所包含的数据,并将数据以指定方式显示出来,通常使用 <xsl:value-of select="标记匹配模式"/>。该标记是空标记。其中元素的属性 select 用于选择被提出数据的节点。

XSL 处理对于"xsl:value-of"标记的执行,首先依据 select 属性的值"标记匹配模式"到 XML 文档中寻找该标记是否存在。如果存在,把该标记及其子标记的数据信息提取出来,返回 XSL 文件中,以该标记的上一级标记制定样式显示。

将 Example.xml 片断关联到 Example3.xsl,在 XSL 样式单中,对于"xsl:value-of"标记按照其 select 属性的值在 XML 文档中找到匹配的标记,这时会把该标记包含的数据和该标记的子标记的数据全部显示。屏幕显示如图 4-1 所示。

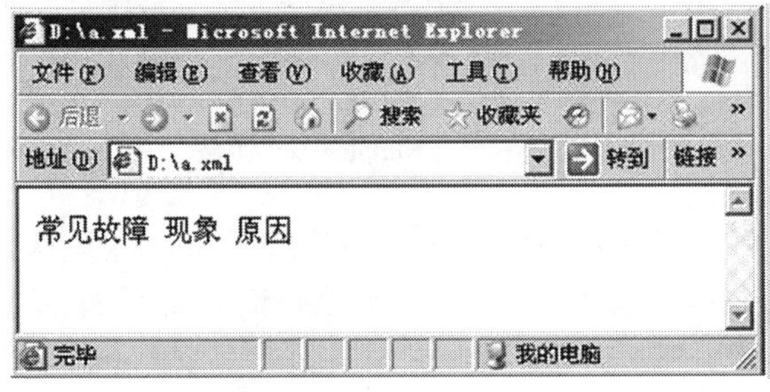

图 4-1　Example3.xsl 实例

```
Example3.xsl
<?xml version="1.0" encoding="utf-8"?>
<xsl:stylesheet version="1.0" xmlns:xsl="http://www.w3.org/1999/
```

```
XSL/Transform" >
    <xsl:template match = "/" >
      <xsl:value - of select = "thead"/>
    </xsl:template >
    </xsl:stylesheet >
```

4. xsl:for - each 标记

“xsl:for - each”标记可以以循环方式显示多个标记的数据。首先看一个实例,将 Example. xml 片断关联到 Example4. xsl。

```
Example4.xsl
    <? xml version = "1.0" encoding = "utf -8"?  >
<xsl:stylesheet version = "1.0" xmlns:xsl = "http://www.w3.org/1999/
XSL/Transform" >
    <xsl:template match = "/" >
      <xsl:value - of select = "thead/row/entry"/>
    <xsl:value - of select = "thead/row/entry"/>
    <xsl:value - of select = "thead/row/entry"/>
    </xsl:template >
    </xsl:stylesheet >
```

屏幕显示如图 4 - 2 所示。

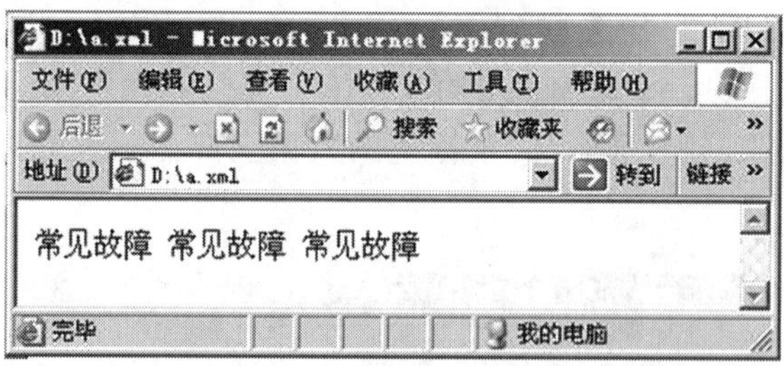

图 4 - 2 Example4. xsl 实例

从结果中不难发现,第 1 个“entry”标记的数据显示了三次,而第 2 个和第 3 个“entry”标记的数据并没有显示,这并不是我们所希望的,那么这是什么原因呢? XSL 处理器从主模板开始转换,首先遇到第 1 个“value - of”标记,根据 select 属性到 XML 文档中寻找相应的标记,找到之后,返回 XSL 文件,进行转换,显示数据。同样,第 2 个、第 3 个“xsl:value - of”标记也是一样,找到数据后就返回,每次都是发现第 1 个“entry”标记的数据就返回,并未考虑是否被读取过。假如要把 3 个“entry”的数据都读取出来,有两种解决方案。

方法一:针对“entry”标记建立模板。具体解决的 XSL 文件如下:

```
Example5.xsl
<? xml version = "1.0" encoding = "utf - 8 "?  >
<xsl:stylesheet version = "1.0" xmlns:xsl = "http://www.w3.org/1999/
XSL/Transform" >
  <xsl:template match = "/" >
    <xsl:apply - templates select = "thead/row/entry"/>
  </xsl:template >
  <xsl:template match = "//entry" >
    <xsl:value - of select = "."/>
  </xsl:template >
  </xsl:stylesheet >
```

方法二:采用“xsl:for - each”标记进行循环显示。该标记在模板中应用,XSL 处理器在执行此标记及其内容时,根据“xsl:for - each”标记中的“标记匹配模式”以循环方法到 XML 中寻找相匹配的标记,一旦找到这样的 XML 标记,则按照内容进行转换,直到不再找到相匹配的 XML 标记时结束。

Example6. xsl 的主模板中使用了“xsl:for - each”标记,该标记的内容是一个 HTML 标记,根据“xsl:for - each”后面“标记匹配模式”,能匹配上多少个标记,“xsl:for - each”标记的内容就会执行多少次。

```
Example6.xsl
<? xml version = "1.0" encoding = "utf - 8 "?  >
<xsl:stylesheet version = "1.0" xmlns:xsl = "http://www.w3.org/1999/
XSL/Transform" >
  <xsl:template match = "/" >
    <xsl:for - each select = "thead/row/entry" >
     <xsl:value - of select = "."/>
    </xsl:for - each >
  </xsl:template >
  </xsl:stylesheet >
```

屏幕显示如图 4 - 3 所示。

5. xsl:copy 标记

“xsl:copy”标记的作用是用来获取与其父标记中“标记匹配模式”相匹配的 XML 标记的名称及标记符号。其格式如下:

```
<xsl:copy >
内容
</xsl:copy >
```

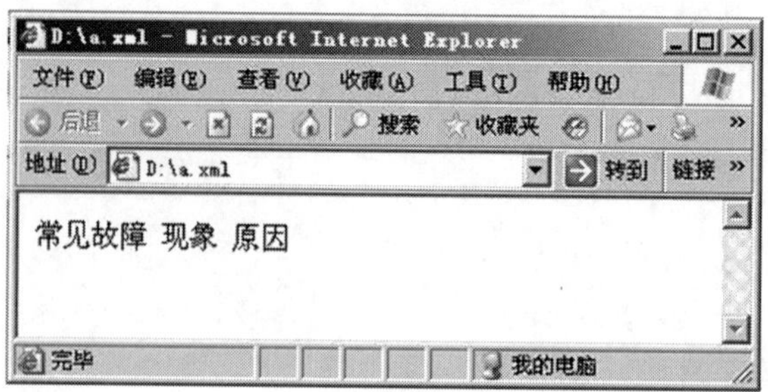

图 4-3 Example6.xsl 实例

该标记必须使用在模板中,作为模板标记的子标记。下面 Example7.xsl 样式文件使用“xsl:copy”标记来获取 XML 标记的名称。

```
Example7.xml
<? xml version = "1.0" encoding = "utf-8"? >
<? xml-stylesheet href = "D:\a.xsl" type = "text/xsl"? >
<ipd>
  <pas>
        <dfp>被动鼓</dfp>
        <uoi>EA</uoi>
        <str>0</str>
      </pas>
<pas>
        <dfp>弹簧</dfp>
        <uoi>EA</uoi>
        <str>0</str>
      </pas>
<pas>
        <dfp>轴承座</dfp>
        <uoi>EA</uoi>
        <str>0</str>
      </pas>
</ipd>
Example7.xsl
<? xml version = "1.0" encoding = "utf-8"? >
<xsl:stylesheet version = "1.0" xmlns:xsl = "http://www.w3.org/1999/
XSL/Transform">
<xsl:template match = "/">
<table border = "1">
```

```
<xsl:apply-templates select="//pas"/>
</table>
</xsl:template>
<xsl:template match="//pas">
<tr>
<xsl:apply-templates select="./*"/>
</tr>
</xsl:template>
<xsl:template match="ipd/pas/*">
<td>
<xsl:copy><xsl:value-of select="."/></xsl:copy>
</td>
</xsl:template>
</xsl:stylesheet>
```

屏幕显示如图4-4所示。

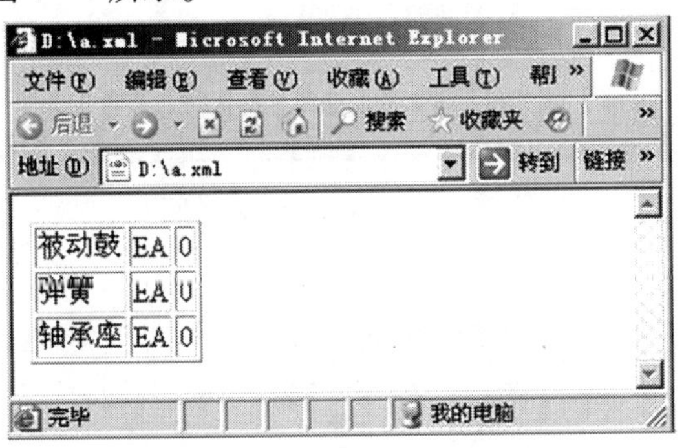

图4-4　Example7.xsl实例

6. xsl:if标记

“xsl:if”标记主要用来在模板中设置相应的条件,来达到XML文档中数据进行过滤的功能。其格式如下:

```
<xsl:if test="条件">
内容
</xsl:if>
```

该标记在模板中使用,作为模板标记的子标记。该标记中有一个比较重要的属性test,该属性的值用来设置标记过滤的条件,只有当test设置的条件成立时,XSL处理器才会对“xsl:if”标记中的标记内容进行变换。

1) 属性条件

使用属性作为过滤条件的格式如下:

```
<xsl:if test=".[@ 属性名称]">
内容
</xsl:if>
```

其中 test 属性值中的“.”代表了在 XML 中的当前标记,即和“xsl:if”标记的父标记匹配模式能匹配上的 XML 中的标记,test 条件是判断当前标记是否含有某个属性,如果有,则对“xsl:if”标记内容进行转换,否则结束“xsl:if”向后进行转换。

以下将 Example8.xml 与 Example8.xsl 相关联,条件标记的显示如图 4-5 所示。

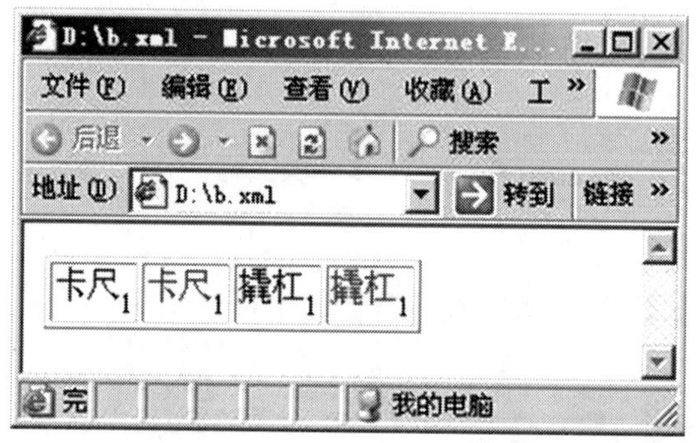

图 4-5　Example8.xsl 实例

```
Example8.xml
<?xml version="1.0" encoding="utf-8"?>
<?xml-stylesheet href="D:\Example8.xsl" type="text/xsl"?>
<supequip>
        <supeqli>
          <supequi id="seq-0001">
            <nomen>卡尺</nomen>
            <qty uom="把">1</qty>
          </supequi>
          <supequi id="seq-0002">
            <nomen>撬杠</nomen>
            <qty uom="个">1</qty>
          </supequi>
        </supeqli>
</supequip>
Example8.xsl
<?xml version="1.0" encoding="utf-8"?>
```

```
<xsl:stylesheet version="1.0" xmlns:xsl="http://www.w3.org/1999/XSL/Transform">
  <xsl:template match="/">
  <table border="1">
   <tr>
   <xsl:apply-templates select="//supequi"/>
 </tr>
 </table>
 </xsl:template>
 <xsl:template match="//supequi">
 <xsl:if test="./@ id">
   <td> <font color="blue">
        <xsl:value-of select="./nomen"/>
        </font>
        <sub><xsl:value-of select="./qty"/></sub>
   </td>
 </xsl:if>
 <xsl:if test="./@ id">
   <td> <font color="red">
        <xsl:value-of select="./nomen"/>
        </font>
        <sub><xsl:value-of select="./qty"/></sub>
   </td>
 </xsl:if>
 </xsl:template>
 </xsl:stylesheet>
```

2）属性值条件

使用属性值作为过滤条件的格式如下：

```
<xsl:if test=".[@ 属性名称#关系操作符#'特定属性值']">
内容
</xsl:if>
```

或

```
<xsl:if test=".[@ 属性名称#关系操作符#特定属性值]">
内容
</xsl:if>
```

其中test属性值中的“.”代表了在XML中的当前标记，即和“xsl:if”标记的父标记匹配模式能匹配上的XML中的标记，test条件是判断当前标记中某个属性是否满足与特定属性值之间的关系,如果满足,则对“xsl:if”标记内容进行转换,否则结束“xsl:if”向后进行转换。

以下将 Example8. xml 与 Example9. xsl 相关联,条件标记的显示如图 4-6 所示。

图 4-6 Example9. xsl 实例

```
Example9.xsl
<?xml version="1.0" encoding="utf-8"?>
<xsl:stylesheet version="1.0" xmlns:xsl="http://www.w3.org/1999/XSL/Transform">
<xsl:template match="/">
<table border="1">
<tr>
<xsl:apply-templates select="//supequi"/>
</tr>
</table>
</xsl:template>
<xsl:template match="//supequi">
<xsl:if test="@id='seq-0001'">
  <td> <font color="blue">
      <xsl:value-of select="./nomen"/>
      </font>
      <sub><xsl:value-of select="./qty"/></sub>
  </td>
</xsl:if>
<xsl:if test="@id='seq-0002'">
  <td> <font color="red">
      <xsl:value-of select="./nomen"/>
      </font>
```

```
        <sub><xsl:value-of select="./qty"/></sub>
      </td>
    </xsl:if>
    </xsl:template>
```

3）子标记条件

使用子标记作为过滤条件的格式如下：

```
<xsl:if test="./子标记名称">
内容
</xsl:if>
```

其中 test 属性值中的“.”代表了在 XML 中的当前标记，即和“xsl:if”标记的父标记匹配模式能匹配上的 XML 中的标记，test 条件是判断当前标记中是否有某个子标记，如果有，则对“xsl:if”标记内容进行转换，否则结束“xsl:if”向后进行转换。

以下将 Example8.xml 与 Example10.xsl 相关联，条件标记的显示如图 4－7 所示。

图 4－7　Example10.xsl 实例

```
    Example10.xsl
    <?xml version="1.0" encoding="utf-8"?>
  <xsl:stylesheet version="1.0" xmlns:xsl="http://www.w3.org/1999/
XSL/Transform">
    <xsl:template match="/">
    <table border="1">
    <tr>
    <xsl:apply-templates select="//supequi"/>
    </tr>
    </table>
    </xsl:template>
    <xsl:template match="//supequi">
```

```
<xsl:if test = "./nomen" >
  <td > <font color = "blue" >
      <xsl:value - of select = "./nomen" />
      </font >
      <sub > <xsl:value - of select = "./qty" /> </sub >
  </td >
</xsl:if >
</xsl:template >
</xsl:stylesheet >
```

4) 子标记及属性条件

使用子标记及属性作为过滤条件的格式如下:

```
<xsl:if test = "./子标记名称[@ 属性名称]" >
内容
</xsl:if >
```

其中 test 属性值中的“.”代表了在 XML 中的当前标记,即和“xsl:if”标记的父标记匹配模式能匹配上的 XML 中的标记,test 条件是判断当前标记中是否有某个子标记,且该子标记还有某个属性,如果有,则对“xsl:if”标记内容进行转换,否则结束“xsl:if”向后进行转换。

以下将 Example8. xml 与 Example11. xsl 相关联,条件标记的显示如图 4 - 8 所示。

图 4 - 8　Example11. xsl 实例

```
Example11.xsl
<? xml version = "1.0" encoding = "utf - 8"? >
<xsl:stylesheet version = "1.0" xmlns:xsl = "http://www.w3.org/1999/XSL/Transform" >
  <xsl:template match = "/" >
  <table border = "1" >
    <tr >
```

```
    <xsl:apply-templates select="//supequi"/>
  </tr>
  </table>
  </xsl:template>
  <xsl:template match="//supequi">
    <xsl:if test="./qty/@uom">
     <td> <font color="blue">
         <xsl:value-of select="./nomen"/>
         </font>
         <sub><xsl:value-of select="./qty"/></sub>
     </td>
    </xsl:if>
  </xsl:template>
  </xsl:stylesheet>
```

5）子标记及属性、属性值条件

使用子标记及属性、属性值作为过滤条件的格式如下：

```
<xsl:if test="./子标记名称[@属性名称#关系操作符'特定属性值']">
内容
</xsl:if>
```

或

```
<xsl:if test="./子标记名称[@属性名称#关系操作符#特定属性值]">
内容
</xsl:if>
```

其中 test 属性值中的“.”代表了在 XML 中的当前标记，即和“xsl:if”标记的父标记匹配模式能匹配上的 XML 中的标记，test 条件是判断当前标记中是否有某个子标记，且该子标记的某个属性值和特定值进行“关系比较”的结果是否为真，如果为真，则对“xsl:if”标记内容进行转换，否则结束“xsl:if”向后进行转换。

以下将 Example8.xml 与 Example12.xsl 相关联，条件标记的显示如图 4-9 所示。

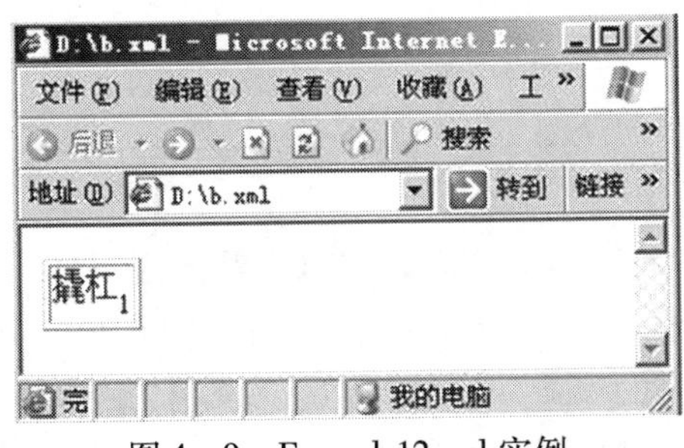

图 4-9　Example12.xsl 实例

```
Example12.xsl
<? xml version="1.0" encoding="utf-8"? >
<xsl:stylesheet version="1.0" xmlns:xsl="http://www.w3.org/1999/
XSL/Transform">
<xsl:template match="/">
<table border="1">
<tr>
<xsl:apply-templates select="//supequi"/>
</tr>
</table>
</xsl:template>
<xsl:template match="//supequi">

<xsl:if test="./qty/@ uom='个'">
  <td> <font color="blue">
      <xsl:value-of select="./nomen"/>
      </font>
      <sub><xsl:value-of select="./qty"/></sub>
  </td>
</xsl:if>
</xsl:template>
</xsl:stylesheet>
```

7. xsl:choose 标记

在 XSL 中,除了可以使用简单的条件判断标记“xsl:if”外,还能进行多条件判断。使用标记“xsl:choose”和它的两个子标记“xsl:when”“xsl:otherwise”。多条件判断指令的一般格式如下:

```
<xsl:choose>
<xsl:when test="条件1">内容</xsl:when>
.....
<xsl:when test="条件n">内容</xsl:when>
<xsl:otherwise>内容</xsl:otherwise>
</xsl:choose>
```

这样的结构和 java 中的多分支语句执行的流程一样。从第一个 <xsl:when>开始寻找,若其中第一个 test 条件满足后,才执行该“xsl:when”标记中的内容,执行完后跳出当前的“xsl:choose”标记。否则,继续向后寻找是否有和 test 条件相匹配的,若没有,执行最后“xsl:otherwise”标记的内容。

将 Example8. xml 与 Example9. xsl 相关联，屏幕显示如图 4－10 所示。

图 4－10　Example9. xsl 实例

```
Example9.xsl
<?xml version="1.0" encoding="utf-8"?>
<xsl:stylesheet version="1.0" xmlns:xsl="http://www.w3.org/1999/XSL/Transform">
<xsl:template match="/">
<table border="1">
<tr>
<xsl:apply-templates select="//supequi"/>
</tr>
</table>
</xsl:template>
<xsl:template match="//supequi">
<xsl:choose>
<xsl:when test="@id='seq-0001'">
  <td> <font color="blue">
      <xsl:value-of select="./nomen"/>
      </font>
      <sub><xsl:value-of select="./qty"/></sub>
  </td>
</xsl:when>
<xsl:when test="@id='seq-0002'">
  <td> <font color="red">
      <xsl:value-of select="./nomen"/>
      </font>
      <sub><xsl:value-of select="./qty"/></sub>
```

```
  </td>
</xsl:when>
</xsl:choose>
</xsl:template>
</xsl:stylesheet>
```

4.4 CSS 和 XSL 在 IETM 中的应用

数据模块以 XML 文档的格式出现,而 XML 文档描述的是数据本身,不涉及数据的表现形式,使用 CSS、XSL 以及 XSTL 为数据的显示提供发布机制,CSS 是 W3C 制定的标准,已经被 HTML 的创作人员所熟悉,在各种浏览器中都获得了支持。XSL 是 XML 的一个应用,提供定义规则的元素转换和显示 XML 文档,从而实现文档内容与表现形式的分离。它是专为 XML 设计,与 CSS 相比其功能更为强大,但也更加复杂。由于 CSS 只能对 XML 文档中的文本进行控制,无法对标记的属性进行操作,所以综合采用 XSL 和 CSS 相结合的显示样式控制机制。对以 XML 文档为载体的数据模块进行转换与显示发布的过程如图 4-11 所示。

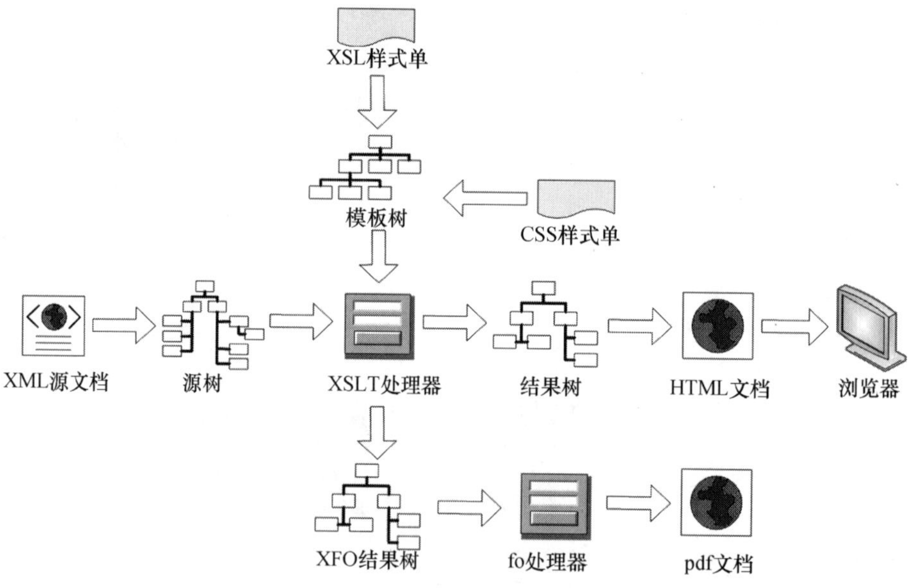

图 4-11　XML 文档转换流程

XLST 处理器加载 XML 文档和 XSL 样式表文档,然后进行“格式良好性”分析,分析完成后,处理机在内存中分别为 XML 源文档和 XSL 样式表构造源树与模板树,然后 XLST 处理器根据源树与模板树构造结果树,最后 XSTL 处理器根据结果树中的格式对象决定数据的排版格式,得到最后结果,如 HTML 文档、PDF 文件等。总体上,一个基于 XML 的 IETM 数据模块的显示方式可以归纳为 3 种,即利用 CSS 显示,利用 XSL 转化为 FO 显示,以及利用 XSL 转化为 HTML 文档显示(这个 HTML 文档中可包含 CSS 样式)。

4.4.1　利用 CSS 显示

在 XML 中使用 CSS 样式有两种方式:一是引入式,就是把 CSS 代码做成独立的文件,通过代码引入到 XML 中;二是嵌入式,就是把 CSS 代码直接放到 XML 中。

1. 在 IETM 的 XML 数据文件中引入 CSS 文件

为了让 IETM 的 XML 数据文件使用 CSS,XML 文件中必需使用下面的操作指令:

```
<? xml - stylesheet href = "CSS 的 URI" type = "text /css"? >
```

xml - stylesheet 为引用样式表的声明。

CSS 的统一资源标识符(uniform resource identifier,URI)表示要引入文件所在的路径,如果只是一个文件的名字,该文件必须和 XML 文档同在一个目录的下面,如 <? xml - stylesheet href = " * . css" type = "text/ css"? >。如果是一个链接,该链接必需是有效的、可访问的,如 <? xml - stylesheet href = http://www. yahoo. com/ * . css type = "text/ css"? >。

type 表示该文件所属的类型是文本形式,包含的是 CSS 代码。

2. 在 IETM 的 XML 数据文件中嵌入 CSS 代码

在 XML 中直接放入代码,需要在 XML 文件中加入一条处理指令和定义样式的代码,该处理指令是一个命名空间的声明,定义样式的代码告诉浏览器下面加入了文本格式的 CSS 文件。

XML 文档使用嵌入式的样式表,优点是可以单独设定某个 XML 文档的样式,使用起来自由灵活;缺点是把数据和修饰数据的样式放在了同一个文件中,使数据不能从显示中分离出来,所以不推荐使用这种方法。

4.4.2　利用 XSL 转换显示

在 XML 文件中主要是通过引入方式来关联 XSL 文件,在 XML 文件中需要使用如下操作指令:

```
<? xml - stylesheet href = "XSL 样式文件的 URI" type = "text/xsl"? >
```

其中,xml - stylesheet 为引用样式表的声明;URI 表示要引入文件所在的路径;type 表示该文件所属的类型是文本形式;text/ xsl 表示这里引用的是 XSL 文件。

由于 XSL 文件是一种有着特殊用途的 XML 文件,因此,XSL 文件中的标记(统称为 XSL 元素)具有特殊意义。XSL 元素是用来指引 XSL 处理器如何对 XML 文档中的数据进行格式化,并按 XSL 文件中规定的输出样式将 XML 文档表现出来。因此,XSL 处理器在解读 XSL 与 XML 文件后,便可以产生相应的输出结果,而这个结果可以通过浏览器展示出来。

运行 XML 文件,浏览器就会执行这个 XML 文件。一般来说,浏览器处理 XML 文件和相应 XSL 文件的过程可以分为两个阶段:首先,处理器将解读 XML 文件的树状结构,并按照 XSL 文件中相应元素的规定提取 XML 文档中的内容,经过重新排列组合而产生一个临时文件,这就是结果树文件;然后,处理器按照 XSL 文件中定义的样式,对结果树文件中的内容进行格式化,并产生一份可由浏览器显示的文件(如 HTML 文件)。

图 4 - 12 给出了一个 XML 文档的结构树,其中,有一个根节点对象"库存器材清单" <kcqcqd>,根节点下面有 2 个子节点对象"器材" <qc>,而 <qc> 下面又有 5 个子节点对象"编号" <bh>、"名称" <mc>、"生产厂家" <sccj>、"数量" <sl> 和"入库时间" <rksj>。

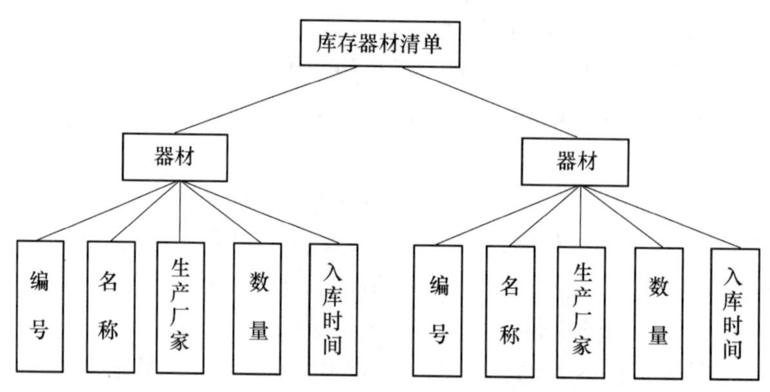

图 4 - 12　XML 结构树

整个图看起来就像是一棵树,由多个节点组成。没有子节点的节点称为叶子节点,叶子节点可以存放一个数据,如:编号、名称、生产厂家、数量和入库时间。假如需要寻找一个节点 <mc>,从根节点下开始寻找,先判断左边第一个分支,寻找是否存在节点,如果该节点下还有子节点,继续向下判断;若没有找到,则返回上一级节点,向其他分支寻找。

XSL工作的原理就是把XML作为一个存储数据的树来看待,称它为源树。XML文档的根元素和子元素都是该树的节点。XSL把这些存放的数据根据我们自己的需要从XML树中提取出来,组成一个新的树,也就是结果树。结果树和源树是独立存在的,对结果树中数据的操作不会影响到源树中的数据,XSL正是通过这种方式实现了数据和显示分离的目的。XSL提取数据的工具是XSL处理器,XSL处理器首先根据在源树中寻找需要的节点,找到之后,就到XSL文档中找到与这个节点匹配的样式定义,从而可以按定义好的样式显示数据。

4.4.3　几个典型的IETM数据模块显示样式

1. 基本信息显示样式

DM的基本信息包括文本、列表、表格、图形等基本显示元素。

1）文本

文本主要是对< para >按照使用需求进行显示控制,通常转换为<p>,代码如下:

```
 <xsl:template match = "para" >
   < Pstyle  = "margin - left:20px;" >
   <xsl:apply - templates/>
   </p>
</xsl:template>
```

2）列表

列表主要是对< deflist >、< randlist >、<seqlist >分析,按照定义列表、随机列表和顺序列表进行显示控制,模板代码如下:

(1) 定义列表样式模板:

```
<xsl:template match  = "deflist" >
  <table>
    <tr>
      <td colspan = "5" >
        <xsl:value - of select  = "deflist/title"/>
      </td>
    </tr>
    <xsl:for - each select  = "term" >
      <tr>
        <td>
          <xsl:apply - templates/>
```

```
          </td>
          <td/>
          <td/>
          <td/>
          <td>
          <xsl:apply-templates select ="following-sibling::def
[position()=1]" />
          </td>
        </tr>
      </xsl:for-each>
    </table>
  </xsl:template>
```

(2) 随机列表样式模板:

```
  <xsl:template match ="randlist">
    <p>
    <table>
      <xsl:apply-templates />
    </table></p>
  </xsl:template>
  <xsl:template match ="randlist/item">
    <tr>
      <td style ="vertical-align :middle;">
        <xsl:value-of select ="'◆'"/>
      </td>
      <td/>
      <td/>
      <td/>
      <td><xsl:apply-templates /></td>
    </tr>
  </xsl:template>
```

(3) 顺序列表样式模板:

```
  <xsl:template match ="seqlist/title">
    <tr>
      <td colspan="5">
        <i>
        <xsl:value-of select ="."/></i>
      </td>
```

```
    </tr>
  </xsl:template>
  <xsl:template match ="seqlist">

    <table>
      <xsl:apply-templates />
    </table>
  </xsl:template>
  <xsl:template match ="seqlist/item">
    <tr>
      <td>
        <xsl:number level="multiple" format="1" count="item"/>
      </td>
      <td/>
      <td/>
      <td/>
      <td> <xsl:apply-templates /> </td>
    </tr>
  </xsl:template>
  <xsl:template match ="item/note">
    <td>
      <xsl:apply-templates />
    </td>
  </xsl:template>
```

3）表格

表格主要是对< table >进行显示控制，模板代码如下：

```
  <xsl:template match="table">
    <a name="{@ id}"/>
      <xsl:apply-templates/>
  </xsl:template>
  <xsl:template match="table[preceding-sibling::step1 or preceding
-sibling::step2 or preceding-sibling::step3
   preceding-sibling::step4 or preceding-sibling::step5 or following
-sibling::step1
   following-sibling::step2 or following-sibling::step3 or following
-sibling::step4
```

```
following-sibling::step5]">
      <tr>
        <td>
        </td>
        <td>
          <a name="{@id}">
            <xsl:apply-templates/> <xsl:text> </xsl:text>
          </a>
        </td>
      </tr>
    </xsl:template>
    <xsl:template match="table/title">
      <p>
        <table border="0" cellpadding="0" cellspacing="0">
          <tr>
            <td>
              <i>
               表 <xsl:number format="1." value="count(preced-
ing::table) + 1"/> 
              </i>
            </td>
            <td>
              <i>
                <xsl:apply-templates/>
              </i>
            </td>
          </tr>
        </table>
      </p>
    </xsl:template>
    <xsl:template match="tgroup">
      <xsl:variable name="colcount" select="@cols"/>

       <xsl:if test="child::thead">
         <table cellpadding="5" border="0" cellspacing="0" width="
90%" style="border-top:solid black 0.5pt;
   bottom:solid black 0.5pt;">
```

```
        <xsl:apply-templates/>
    </table>
      </xsl:if>

  </xsl:template>
  <xsl:template match="row">
    <tr>
      <xsl:apply-templates/>
    </tr>
  </xsl:template>
  <xsl:template match="entry">
    <td style="padding-top:5px;bottom:5px;right:20px;">

      <xsl:apply-templates/>
    </td>
  </xsl:template>
  <xsl:template match="thead">
    <tr style="border-bottom:solid black 0.5pt;">

      <xsl:apply-templates/>
    </tr>
  </xsl:template>
```

4）图形

图形的模板控制代码如下：

```
  <xsl:template name="CreateImageObject">
    <xsl:param name="urnTarget"/>
    <div inline="true">
      <xsl:choose>
          <xsl:when test="contains($urnTarget,'.cgm') or contains($
urnTarget,'.CGM')
  or contains($urnTarget,'.tif') or contains($urnTarget,'.TIF')or con-
tains($urnTarget,'.tiff') or contains($urnTarget,'.TIFF') or contains($
urnTarget,'.svg') or contains($urnTarget,'.SVG')">
          <xsl:if test="contains($urnTarget,'.cgm') or contains($urnTar-
get,'.CGM') or contains($urnTarget,'.tif') or contains($urnTarget,'.TIF') or
contains($urnTarget,'.tiff') or contains($urnTarget,'.TIFF')"#>
            <object id="ivx1" classid="CLSID:865B2280-2B71-11D1-
```

```
BC01 - 006097AC382A" >
                <param name = "src" value = "{$urnTarget}" width = "740"
height = "400"/>
                <embed name = "viewer" src = "{$urnTarget}" width = "740"
height = "400"/>
               <param name = "width" value = "800"/>
             </xsl:if>
               <xsl:if test = "contains($urnTarget,'.svg') or contains($
urnTarget,'.SVG')" >
                <embed src = "{$urnTarget}"/>
             </xsl:if>
          </xsl:when>
             <xsl:otherwise>
             <img src = "{$urnTarget}"/>
          </xsl:otherwise>
       </xsl:choose>
       </div>
   </xsl:template>
```

2. 描述性信息数据模块样式单

描述性信息主要用于表达装备的功能、工作原理、构造的描述。纸质手册的结构层次划分为:部分、章、节、条、段、列项,其中除去段外,手册中的部分、章、节、条是有编号的。描述性信息按照一般段落和有序段落进行编排显示,其中有序段落的标题应具有段落序号,段落序号应采用阿拉伯数字顺序,按照段落的数量与层次进行编号。样式单示例参见附录B。

3. 故障信息数据模块样式单

故障信息包括故障报告和隔离步骤。其中,故障报告部分的故障标识、故障状态信息描述以及测试检验过程信息要显示给用户。隔离步骤包括预先定义的故障隔离程序与动态生成的故障隔离程序。样式单示例参见附录B。

4. 程序信息数据模块样式

装备维修保障中的修理以恢复装备的战术技术性能为目的,包括故障修复、性能测量、调整等。因为修理工作是装备维修保障活动中的重要工作,所以装备修理应遵循相应的程序。样式单示例参见附录B。

5. 零部件信息数据模块样式单

在装备维修保障活动中,零件信息主要用于提供零件的免修极限和对其缺陷应采取的处理方法的要求。一般情况下,零件信息包括零件的机械制图、名称、件号、材料、配合件情况、零件初始储备基数等内容。IETM界面要提供用户在安装位置图、结构功能流程图、信息文本描述、零件其他信息形式描述间跳转，以获取零件信息（例如，储备号码、零件名称、系统/子系统/子子系统编号、构造、功能、性能、描述等）。样式单示例参见附录B。

6. 乘员信息数据模块样式单

乘员信息数据是人员为完成其岗位责任而做的各项工作及其所需要掌握的技术信息，包括操作条件、功能检查、操作、操作结束等信息。操作条件信息包括进行装备操作前所需要满足的人员、环境、设施等必要条件；功能检测信息是在执行装备操作前对装备功能的检查或检测；操作信息是执行功能检测后，操作装备完成某项任务的相关信息，其包括完成操作任务的各操作步骤；操作结束信息是指操作完成后的结束工作。

不同的武器装备对岗位信息有不同的描述方式。比如，飞机采用工作卡片形式来说明某个岗位的操作内容；坦克采用操作手册来说明人员的工作内容；对于修理工来说，就要掌握岗位上为完成某项任务而使用的保障设备的操作与使用。人员/岗位信息通常由下列内容构成：岗位概述、操作说明、操作步骤、特殊条件下的操作、紧急程序、运输、设备的装载。这些内容可以按两种结构组织：一种是以操作程序为主体，以描述为内容的结构，另外一种是以描述内容为主体，将操作程序作为描述的内容。样式单示例参见附录B。

第5章 XML在IETM中的应用实例

由于XML语言具有良好的可扩展性、语法简明自由、数据内容与显示形式分离、利于结构化数据集成、方便Web显示发布等诸多技术优势，因而被S1000D等IETM技术标准推荐为IETM信息描述语言，用来描述、处理、存储、传输与显示发布装备技术信息。这样按照S1000D国际规范制作IETM生成存储于公共源数据库(Common Source Data Base，CSDB)的数据模块(Data Module，DM)、出版物模块(Publication Module，PM)、数据管理列表(Data Management List，DML)及数据分发说明(Data Dispatch Note，DDN)等信息对象，以及发布并在Web浏览器上显示的整个IETM开发过程，离不开严谨的XML的编程。要想领会篇幅庞大、结构复杂、内容丰富和全文贯穿XML Schema、属性等元数据和XML源程序的S1000D，需要读懂XML的源程序。对IETM创作平台的设计开发者更需要熟悉S1000D国际规范和熟练掌握XML的编程。当然，利用现成的IETM创作平台制作IETM的普通开发人员，由于平台是按IETM标准开发的，而且平台配给了有专用输入模板的XML编辑器，可以降低对XML编程能力的要求。本章在上述各章详细阐述XML的基本语法、文档结构、显示控制的基础上，为帮助读者对XML编程及其源程序有一个较好的掌握或了解，给出了几段典型的IETM开发实例。限于篇幅，这些源程序实例做了适当的删减。

本章通过ZTZ××坦克IETM的制作案例，分别以举例的方式给出几类典型数据模块、出版物模块、数据管理列表及数据分发说明等XML的源程序实例，以及展示相应数据模块的信息显示样式实例。

5.1 典型数据模块实例

5.1.1 业务规则数据模块实例

业务规则信息可用于对项目和数据进行管理，是项目开发的顶层规范性文件，业务规则分为10类，分别为通用业务规则、产品定义业务规则、维修体制业务规则、密级业务规则、业务处理业务规则、数据创作业务规则、数据交换业务规则、数据集成与管理业务规则、已有数据转换、管理和应用业务规则、数据输出业务规则(有关业务规则数据模块见本“丛书”第四分册第 3 章 3.3.9 小节内容)。

1. 数据模块元素结构图和相关元数据表

数据模块标识与状态部分通用结构的元素 <identAndStatusSection> 结构图如图 5 - 1 所示。

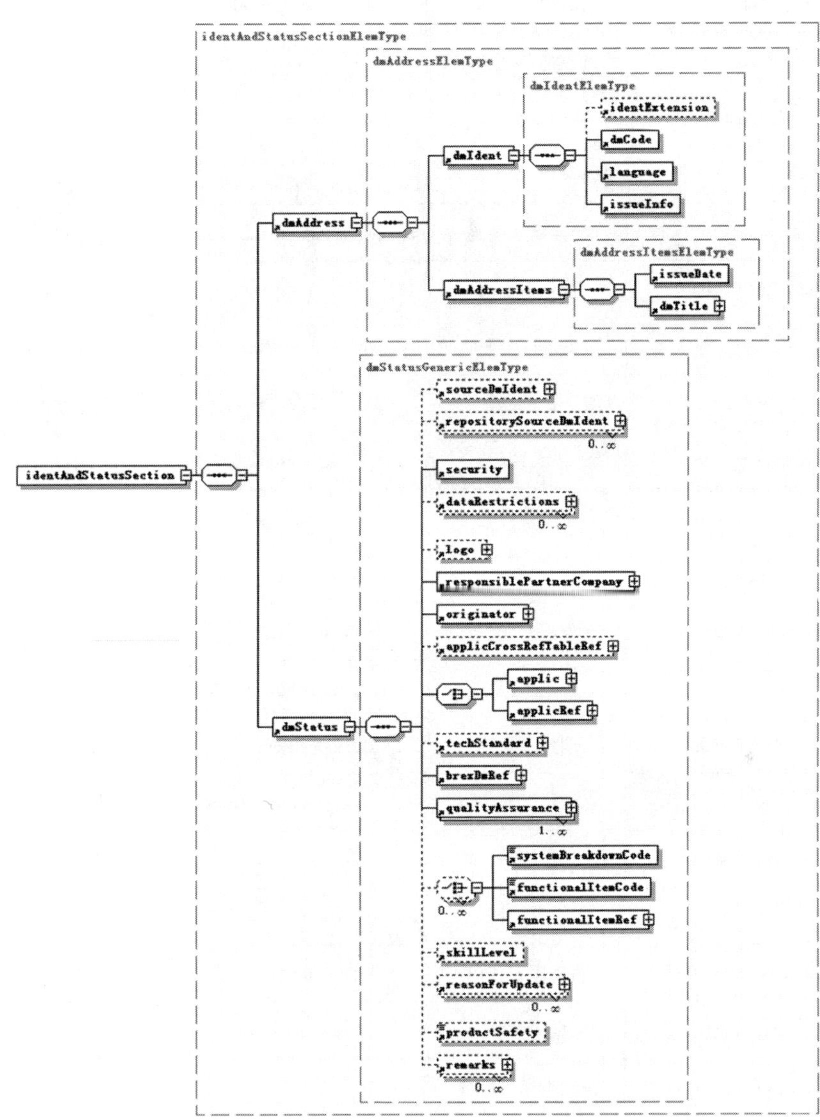

图 5 - 1　数据模块标识与状态部分通用结构的元素 <identAndStatusSection> 结构图

数据模块标识与状态部分通用结构的常用元数据如表 5－1 所列。

表 5－1 数据模块标识与状态部分通用结构的常用元数据表

元数据	含义	元数据	含义
< identAndStatusSection >	标识和状态部分	< repositorySourceDmIdent >	源数据模块定义库
< dmAddress >	数据模块识别	< security >	安全级别
< dmIdent >	数据模块标识	< dataRestrictions >	数据限制
< identExtension >	数据模块编码扩展	< logo >	标志
< dmCode >	数据模块编码	< responsiblePartnerCompany >	合作责任方
modelIdentCode	型号识别码	< originator >	创作者
systemDiffCode	系统区分码	< applicCrossRefTableRef >	适用性交叉引用
systemCode	系统码	< applic >	适用性模型
subSystemCode	子系统码	< applicRef >	适用性引用
subSubSystemCode	子子系统码	< techStandard >	技术标准
assyCode	分解码	< brexDmRef >	业务规则引用
disassyCodeVariant	分解差异码	< qualityAssurance >	质量保证
infoCode	信息码	< systemBreakdownCode >	系统分解编码
infoCodeVariant	信息差异码	< functionalItemCode >	功能项码
itemLocationCode	位置码	< functionalItemRef >	功能项引用
learnCode	学习码	< skillLevel >	技能等级
learnEeventCode	学习事件码	< reasonForUpdate >	更新原因
languagecountryIsoCode	语言国家代码	< productSafety >	产品安全性
< dmStatus >	数据模块状态	< remarks >	备注
< sourceDmIdent >	源数据模块定义		
注:带< >的为元素,不带< >的为属性			

业务规则数据模块内容元素结构图如图 5－2 所示。

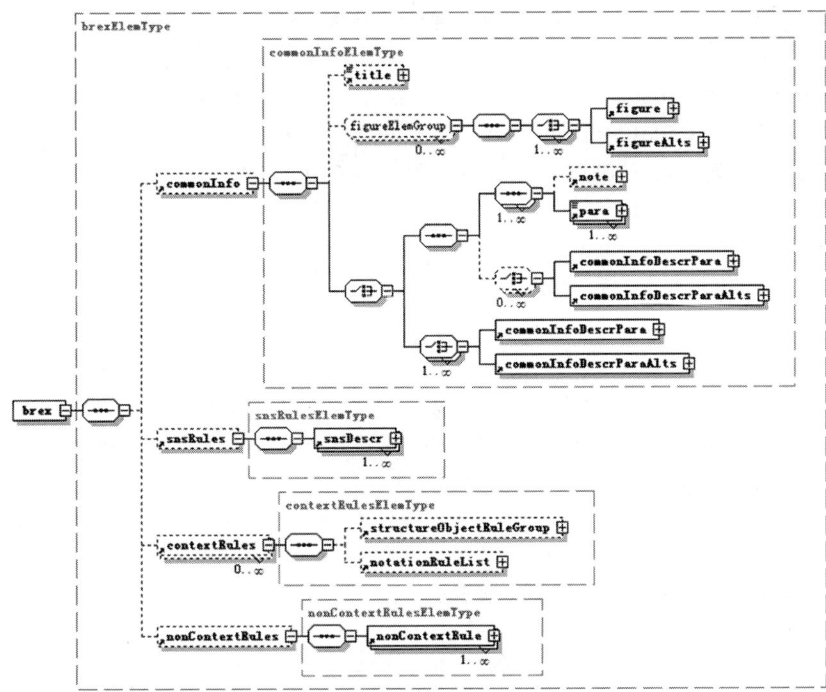

图5－2　业务规则数据模块内容元素结构图

业务规则数据模块内容部分元数据如表5－2所列。

表5－2　业务规则数据模块内容部分元数据表

元数据	含义	元数据	含义
commonInfochangeType	公共信息变化类型	<objectValue>	对象值
changeMark	变化标记	valueTailoring	剪裁值
reasonForUpdateRefIds	更新原因引用标识	valueAllowed	允许值
<title>	标题	valueForm	值的形式
<para>	段落	<objectUse>	对象应用
<contextRules>	语境规则	structureObjectRulechangeType	结构对象规则变化类型
<structureObjectRuleGroup>	结构对象规则组		

2. 业务规则数据模块XML程序

ZTZ××坦克IETM业务规则数据模块实例如下所示。

```
<? xml version="1.0" encoding="UTF-8"? >
<! DOCTYPE dmodule [
```

```
<!NOTATION cgm PUBLIC "-//USA-DOD//NOTATION Computer Graphics
Metafile//EN">
<!NOTATION jpeg PUBLIC "+//ISBN 0-7923-9432-1::Graphic Nota-
tion//NOTATION Joint Photographic Experts Group Raster//EN">
<!NOTATION swf PUBLIC "-//S1000D//NOTATION X-SHOCKWAVE-FLASH 3D
Models Encoding//EN">
<!NOTATION png PUBLIC "-//W3C//NOTATION Portable Network Graphics//
EN">
]>
<dmodule xmlns:xsi="http://www.w3.org/2001/XMLSchema-instance"
xmlns:dc="http://www.purl.org/dc/elements/1.1/"
xmlns:rdf="http://www.w3.org/1999/02/22-rdf-syntax-ns#"
xmlns:xlink="http://www.w3.org/1999/xlink"
xsi:noNamespaceSchemaLocation="http://www.s1000d.org/S1000D_4-1/
xml_schema_flat/brex.xsd">
  <rdf:Description>
    <dc:title>ZTZ××坦克</dc:title>
    <dc:creator>装甲兵工程学院</dc:creator>
    <dc:subject>ZTZ××坦克业务规则</dc:subject>
    <dc:publisher>装甲兵工程学院</dc:publisher>
    <dc:contributor>装甲兵工程学院</dc:contributor>
    <dc:date>2014-06-06</dc:date>
    <dc:type>text</dc:type>
    <dc:format>text/xml</dc:format>
    <dc:identifier>ZTZ××-A-00-00-00-00A-000A-D_008-00</dc:
identifier>
    <dc:language>ch</dc:language>
    <dc:rights>01</dc:rights>
  </rdf:Description>
  <identAndStatusSection>
    <dmAddress>
      <dmIdent>
        <dmCode modelIdentCode="ZTZ××" systemDiffCode="A" system-
Code="00"
subSystemCode="0" subSubSystemCode="0" assyCode="00" disassyCode="00"
disassyCodeVariant="A" infoCode="000" infoCodeVariant="A" itemLoca-
tionCode="A"/>
```

```
        <language countryIsoCode = "CN" languageIsoCode = "ZH"/>
        <issueInfo issueNumber = "008" inWork = "00"/>
      </dmIdent>
      <dmAddressItems>
        <issueDate day = "5" month = "6" year = "2014"/>
        <dmTitle>
          <techName>ZTZ××坦克</techName>
          <infoName>业务规则</infoName>
        </dmTitle>
      </dmAddressItems>
    </dmAddress>
    <dmStatus issueType = "changed">
      <security securityClassification = "01"/>
      <dataRestrictions>
        <restrictionInstructions>
          <dataDistribution>数据对所有用户没有限制</dataDistribution>
          <exportControl>
            <exportRegistrationStmt>
              <simplePara>业务规则数据模块仅限在项目组内交流.</sim-
plePara>
            </exportRegistrationStmt>
          </exportControl>
          <dataHandling>业务规则数据模块无特殊使用说明</dataHandling>
          <dataDestruction></dataDestruction>
          <dataDisclosure>业务规则数据模块无分发限制</dataDisclosure>
        </restrictionInstructions>
        <restrictionInfo>
          <copyright>
            <copyrightPara>
              <emphasis>Copyright (C) 2013</emphasis>项目单位都应用该
标志<randomList>
                <listItem>
                  <para>装甲兵工程学院</para>
                </listItem>
                <listItem>
                  <para>×××部队</para>
                </listItem>
```

```
            </randomList>
          </copyrightPara>
          <copyrightPara>
            <emphasis>责任限制</emphasis>
          </copyrightPara>
        </copyright>
        <policyStatement>×××管理机构</policyStatement>
        <dataConds>业务规则密级及使用限制原则上不改变</dataConds>
      </restrictionInfo>
    </dataRestrictions>
    <responsiblePartnerCompany enterpriseCode="SF815">
      <enterpriseName>装甲兵工程学院</enterpriseName>
    </responsiblePartnerCompany>
    <originator enterpriseCode="SF815">
      <enterpriseName>SIOM</enterpriseName>
    </originator>
    <applicCrossRefTableRef>
      <dmRef xlink:type="simple" xlink:actuate="onRequest" xlink:
show="replace" xlink:href="URN:ZTZ××-A-00-00-00-00A-000A-A_
008-00">
        <dmRefIdent>
          <dmCode modelIdentCode="ZTZ××" systemDiffCode="A"
systemCode="00" subSystemCode="0" subSubSystemCode="0" assyCode="
00" disassyCode="00" disassyCodeVariant="A" infoCode="000" infoCo-
deVariant="A" itemLocationCode="A"/>
        </dmRefIdent>
      </dmRef>
    </applicCrossRefTableRef>
    <applicRef applicIdentValue="app-00000000AA022A-0000"/>
  <qualityAssurance>
    <firstVerification verificationType="tabtop"/>
  </qualityAssurance>
  </dmStatus>
</identAndStatusSection>
<content>
  <brex>
    <commonInfo changeType="add" changeMark="1" reasonForUpdateRe-
```

```
fIds = "rfu - 005" >
        < title > ZTZ × ×坦克业务规则数据模块概述 < /title >
        < para > ZTZ × ×坦克业务规则数据模块编制目的有以下几点: < randomList >
            < listItem >
              < para >举例说明业务规则数据模块的应用 < /para >
            < /listItem >
            < listItem >
              < para >对项目数据进行管理 < /para >
            < /listItem >
          < /randomList >
        < /para >
        < para > ZTZ × ×坦克业务规则数据模块应随着标准变化而改进 < /para >
      < /commonInfo >
      < contextRules >
        < structureObjectRuleGroup >
          < structureObjectRule changeType = "modify" changeMark = "1"
reasonForUpdateRefIds = "rfu - 006" >
            < objectPath
allowedObjectFlag = "2" > //dmAddress/dmIdent/dmCode/@ modelIdentCode
< /objectPath >
            < objectUse > Bike model identification < /objectUse >
            < objectValue valueForm = "single" valueAllowed = "ZTZ × × "
valueTailoring = "closed" > ZTZ × ×坦克 < /objectValue >
          < /structureObjectRule >
          < structureObjectRule changeType = "modify" changeMark = "1"
reasonForUpdateRefIds = "rfu - 006" >
            < objectPath
allowedObjectFlag = "2" > //dmAddress/dmIdent/dmCode/@ systemCode < /
objectPath >
            < objectUse > ZTZ × ×坦克系统码 < /objectUse >
              < objectValue valueForm = " range" valueAllowed = " D00 ~
D09 " />
              < objectValue valueForm = " range" valueAllowed = " DA0 ~
DA9 " />
          < /structureObjectRule >
          < structureObjectRule changeType = "modify" changeMark = "1"
reasonForUpdateRefIds = "rfu - 001 rfu - 006" >
```

```
            <objectPath
allowedObjectFlag="2">//dmAddress/dmIdent/dmCode/@subSystemCode
</objectPath>
            <objectUse>ZTZ××坦克子系统码</objectUse>
            <objectValue valueForm="range" valueAllowed="0~9"/>
          </structureObjectRule>
          <structureObjectRule changeType="modify" changeMark="1"
reasonForUpdateRefIds="rfu-001 rfu-006">
            <objectPath
allowedObjectFlag="2">//dmAddress/dmIdent/dmCode/@subSubystemCode
</objectPath>
            <objectUse>ZTZ××坦克子子系统码</objectUse>
            <objectValue valueForm="range" valueAllowed="0~9"/>
          </structureObjectRule>
          <structureObjectRule changeType="modify" changeMark="1"
reasonForUpdateRefIds="rfu-001 rfu-006">
            <objectPath
allowedObjectFlag="2">//dmAddress/dmIdent/dmCode/@assyCode</ob-
jectPath>
            <objectUse>ZTZ××坦克分解码</objectUse>
            <objectValue valueForm="range" valueAllowed="00~99"/>
          </structureObjectRule>
          <structureObjectRule changeType="modify" changeMark="1"
reasonForUpdateRefIds="rfu-000 rfu-001 rfu-006">
            <objectPath
allowedObjectFlag="2">//dmAddress/dmIdent/dmCode/@infoCode</ob-
jectPath>
            <objectUse>ZTZ××坦克信息码</objectUse>
            <objectValue valueForm="single" valueAllowed="000"
valueTailoring="closed">与 S1000D 2.3 版本一致</objectValue>
            <objectValue valueForm="single" valueAllowed="001"
valueTailoring="restrictable">标题页</objectValue>
            <objectValue valueForm="single" valueAllowed="009"
valueTailoring="restrictable">目录</objectValue>
            <objectValue valueForm="single" valueAllowed="00E"
valueTailoring="restrictable">公共信息存储列表</objectValue>
            <objectValue valueForm="single" valueAllowed="00G"
```

```
valueTailoring="restrictable">部分公共信息存储</objectValue>
        <objectValue valueForm="single" valueAllowed="00H"
valueTailoring="restrictable">区域公共信息存储</objectValue>
        <objectValue valueForm="single" valueAllowed="00N"
valueTailoring="restrictable">保障装备公共信息存储</objectValue>
        <objectValue valueForm="single" valueAllowed="00P"
valueTailoring="restrictable">产品交叉引用表(PCT)</objectValue>
        <objectValue valueForm="single" valueAllowed="00Q"
valueTailoring="restrictable">条件交叉引用表(CCT)</objectValue>
        <objectValue valueForm="single" valueAllowed="00W"
valueTailoring="restrictable">适用性交叉引用表(ACT)</objectValue>
        <objectValue valueForm="single" valueAllowed="00X"
valueTailoring="restrictable">控制与指示公共信息存储</objectValue>
        <objectValue valueForm="single" valueAllowed="0A1"
valueTailoring="restrictable">功能性与物理结构信息存储</objectValue>
        <objectValue valueForm="single" valueAllowed="0A3"
valueTailoring="restrictable">适用性交叉目录</objectValue>
        <objectValue valueForm="single" valueAllowed="012"
valueTailoring="restrictable">一般警告与注意相关的安全数据</ob-
jectValue>
        <objectValue valueForm="single" valueAllowed="018"
valueTailoring="closed" changeType="modify" changeMark="1"
reasonForUpdateRefIds="rfu-000 rfu-002">In accordance with Issue 2.
3</objectValue>
        <objectValue valueForm="single" valueAllowed="022"
valueTailoring="closed">In accordance with Issue 2.3</objectValue>
        <objectValue valueForm="single" valueAllowed="028"
valueTailoring="closed" changeType="modify" changeMark="1" reason-
ForUpdateRefIds="rfu-000 rfu-002">与 S1000D 2.3 版本一致</
objectValue>
        <objectValue valueForm="single" valueAllowed="029"
valueTailoring="closed">与 S1000D 2.3 版本一致</objectValue>
        <objectValue valueForm="single" valueAllowed="040"
valueTailoring="closed">与 S1000D 2.3 版本一致</objectValue>
        <objectValue valueForm="single" valueAllowed="041"
valueTailoring="closed">与 S1000D 2.3 版本一致</objectValue>
        <objectValue valueForm="single" valueAllowed="042"
```

```
valueTailoring = "closed" >与 S1000D 2.3 版本一致 < /objectValue >
            < objectValue valueForm = "single" valueAllowed = "043"
valueTailoring = "closed" >与 S1000D 2.3 版本一致 < /objectValue >
            < objectValue valueForm = "single" valueAllowed = "056"
valueTailoring = "closed" >与 S1000D 2.3 版本一致 < /objectValue >
            < objectValue valueForm = "single" valueAllowed = "057"
valueTailoring = "closed" >与 S1000D 2.3 版本一致 < /objectValue >
            < objectValue valueForm = "single" valueAllowed = "058"
valueTailoring = "closed" >与 S1000D 2.3 版本一致 < /objectValue >
            < objectValue valueForm = "single" valueAllowed = "100"
valueTailoring = "closed" changeType = "modify" changeMark = "1" reasonForUp-
dateRefIds = "rfu -000 rfu -002" >与 S1000D 2.3 版本一致 < /objectValue >
            < objectValue valueForm = "single" valueAllowed = "121"
valueTailoring = "closed" >与 S1000D 2.3 版本一致 < /objectValue >
            < objectValue valueForm = "single" valueAllowed = "130"
valueTailoring = "restrictable" >正常操作 < /objectValue >
            < objectValue valueForm = "single" valueAllowed = "131"
valueTailoring = "closed" >与 S1000D 2.3 版本一致 < /objectValue >
            < objectValue valueForm = "single" valueAllowed = "151"
valueTailoring = "closed" >与 S1000D 2.3 版本一致 < /objectValue >
            < objectValue valueForm = "single" valueAllowed = "200"
valueTailoring = "closed" changeType = "modify" changeMark = "1" reasonForUp-
dateRefIds = "rfu -000 rfu -002" >与 S1000D 2.3 版本一致 < /objectValue >
            < objectValue valueForm = "single" valueAllowed = "215"
valueTailoring = "closed" >与 S1000D 2.3 版本一致 < /objectValue >
            < objectValue valueForm = "single" valueAllowed = "241"
valueTailoring = "closed" >与 S1000D 2.3 版本一致 < /objectValue >
            <! --<objectValue valueForm = "single" valueAllowed = "248"
valueTailoring = "closed" changeType = "modify" changeMark = "1" reasonForUp-
dateRefIds = "rfu -000 rfu -002" >与 S1000D 2.3 版本一致 < /objectValue >-->
            < objectValue valueForm = "single" valueAllowed = "251"
valueTailoring = "closed" >与 S1000D 2.3 版本一致 < /objectValue >
            < objectValue valueForm = "single" valueAllowed = "258"
valueTailoring = "closed" >与 S1000D 2.3 版本一致 < /objectValue >
            < objectValue valueForm = "single" valueAllowed = "310"
valueTailoring = "closed" changeType = "modify" changeMark = "1" reasonForUp-
dateRefIds = "rfu -000 rfu -002" >与 S1000D 2.3 版本一致 < /objectValue >
```

```
<objectValue valueForm="single" valueAllowed="330" value-
Tailoring="closed">与S1000D 2.3版本一致</objectValue>
<objectValue valueForm="single" valueAllowed="341"
valueTailoring="closed">与S1000D 2.3版本一致</objectValue>
<objectValue valueForm="single" valueAllowed="362"
valueTailoring="closed">与S1000D 2.3版本一致</objectValue>
<objectValue valueForm="single" valueAllowed="400"
valueTailoring="closed">与S1000D 2.3版本一致</objectValue>
<objectValue valueForm="single" valueAllowed="411"
valueTailoring="closed">In accordance with Issue 2.3</objectValue>
<objectValue valueForm="single" valueAllowed="412"
valueTailoring="closed">与S1000D 2.3版本一致</objectValue>
<objectValue valueForm="single" valueAllowed="413"
valueTailoring="closed">与S1000D 2.3版本一致</objectValue>
<objectValue valueForm="single" valueAllowed="414"
valueTailoring="closed">与S1000D 2.3版本一致</objectValue>
<objectValue valueForm="single" valueAllowed="520"
valueTailoring="closed">与S1000D 2.3版本一致</objectValue>
<objectValue valueForm="single" valueAllowed="663"
valueTailoring="closed">与S1000D 2.3版本一致</objectValue>
<objectValue valueForm="single" valueAllowed="700"
valueTailoring="closed">与S1000D 2.3版本一致</objectValue>
<objectValue valueForm="single" valueAllowed="720"
valueTailoring="closed">与S1000D 2.3版本一致</objectValue>
<objectValue valueForm="single" valueAllowed="913"
valueTailoring="closed" changeType="modify" changeMark="1" reasonForUp-
dateRefIds="rfu-000 rfu-002">与S1000D 2.3版本一致</objectValue>
<objectValue valueForm="single" valueAllowed="920"
valueTailoring="closed" changeType="modify" changeMark="1" reasonForUp-
dateRefIds="rfu-000 rfu-002">与S1000D 2.3版本一致</objectValue>
<objectValue valueForm="single" valueAllowed="921"
valueTailoring="closed">与S1000D 2.3版本一致</objectValue>
<objectValue valueForm="single" valueAllowed="930"
valueTailoring="restrictable">服务通告</objectValue>
<!--<objectValue valueForm="single" valueAllowed="932"
valueTailoring="closed" changeType="modify" changeMark="1" reason-
ForUpdateRefIds="rfu-000 rfu-002">与S1000D 2.3版本一致</objectVal-
```

```
ue>-->
        <objectValue valueForm="single" valueAllowed="933"
valueTailoring="restrictable">完成说明</objectValue>
        <objectValue valueForm="single" valueAllowed="93A"
valueTailoring="restrictable">修改程序</objectValue>
        <objectValue valueForm="single" valueAllowed="941"
valueTailoring="closed">与 S1000D 2.3 版本一致</objectValue>
      </structureObjectRule>
      <structureObjectRule>
        <objectPath allowedObjectFlag="0">有序列表</objectPath>
        <objectUse>顺序列表</objectUse>
      </structureObjectRule>
      <structureObjectRule>
        <objectPath allowedObjectFlag="0">//注释</objectPath>
        <objectUse>提示(不包含在警告中)</objectUse>
      </structureObjectRule>
      <structureObjectRule>
        <objectPath allowedObjectFlag="0">//警告/顺序列表</ob-
jectPath>
        <objectUse>顺序列表(不包含在警告中)</objectUse>
      </structureObjectRule>
      <structureObjectRule>
        <objectPath allowedObjectFlag="0">//警告/顺序列表</ob-
jectPath>
        <objectUse>定义列表(不包含在警告中)</objectUse>
      </structureObjectRule>
      <structureObjectRule>
        <objectPath allowedObjectFlag="0">//警告/随机列表/列表项/
随机列表</objectPath>
        <objectUse>随机列表不能内嵌于警告中</objectUse>
      </structureObjectRule>
      <structureObjectRule>
        <objectPath allowedObjectFlag="0">//警告/随机列表/标题</
objectPath>
        <objectUse>随机列表标题(不包含在警告中)</objectUse>
      </structureObjectRule>
      <structureObjectRule>
```

```
<objectPath allowedObjectFlag = "0" >//提示 </objectPath>
<objectUse >提示(不包含在警告中) </objectUse>
</structureObjectRule>
<structureObjectRule>
<objectPath allowedObjectFlag = "0" >//注意/顺序列表 </objectPath>
<objectUse >顺序列表(不包含在注意中) </objectUse>
</structureObjectRule>
<structureObjectRule>
<objectPath allowedObjectFlag = "0" >//注意/定义列表 </objectPath>
<objectUse >定义列表(不包含在注意中) </objectUse>
</structureObjectRule>
<structureObjectRule>
<objectPath allowedObjectFlag = "0" >//注意/随机列表/列表项/随机列表 </objectPath>
<objectUse >随机列表不能内嵌于注意中 </objectUse>
</structureObjectRule>
<structureObjectRule>
<objectPath allowedObjectFlag = "0" >//注意/随机列表/标题 </objectPath>
<objectUse >随机列表标题(不包含在注意中) </objectUse>
</structureObjectRule>
<structureObjectRule changeType = "modify" changeMark = "1" reasonForUpdateRefIds = "rfu-006" >
<objectPath allowedObjectFlag = "2" >//@ accessPanelTypeValue </objectPath>
<objectUse >入口类型 </objectUse>
<objectValue valueForm = "single" valueAllowed = "accpn101" valueTailoring = "closed" >入口为门 </objectValue>
<objectValue valueForm = "single" valueAllowed = "accpn102" valueTailoring = "closed" >入口为控制面板 </objectValue>
<objectValue valueForm = "single" valueAllowed = "accpn103" valueTailoring = "closed" >入口是电子面板 </objectValue>
</structureObjectRule>
<structureObjectRule changeType = "modify" changeMark = "1" reasonForUpdateRefIds = "rfu-006" >
```

```
            <objectPath
allowedObjectFlag="2">//acronym/@acronymtype</objectPath>
            <objectUse>缩写词与缩略语类型 </objectUse>
            <objectValue valueForm="single" valueAllowed="at01"
valueTailoring="closed">缩写词 </objectValue>
            <objectValue valueForm="single" valueAllowed="at02"
valueTailoring="closed">词</objectValue>
            <objectValue valueForm="single" valueAllowed="at03"
valueTailoring="closed">标记</objectValue>
            <objectValue valueForm="single" valueAllowed="at04"
valueTailoring="closed">空隙</objectValue>
        </structureObjectRule>
        <structureObjectRule changeType="modify" changeMark="1"
reasonForUpdateRefIds="rfu-006">
            <objectPath allowedObjectFlag="2">//对话/@取消提示</ob-
jectPath>
            <objectUse>对话取消功能提示</objectUse>
            <objectValue valueForm="single" valueAllowed="ca01"
valueTailoring="closed">"取消"提示设置</objectValue>
            <objectValue valueForm="single" valueAllowed="ca02"
valueTailoring="closed">"终止"提示设置</objectValue>
            <objectValue valueForm="single" valueAllowed="ca03"
valueTailoring="closed">"NO"提示设置</objectValue>
            <objectValue valueForm="single" valueAllowed="ca04"
valueTailoring="closed">"END"提示设置</objectValue>
            <objectValue valueForm="single" valueAllowed="ca05"
valueTailoring="closed">"QUIT"提示设置</objectValue>
        </structureObjectRule>
        <structureObjectRule changeType="modify" changeMark="1"
reasonForUpdateRefIds="rfu-006">
            <objectPath allowedObjectFlag="2">//安全/@安全等级/ob-
jectPath>
            <objectUse>安全等级</objectUse>
            <objectValue valueForm="single" valueAllowed="01"
valueTailoring="closed">1 </objectValue>
        </structureObjectRule>
        <structureObjectRule changeType="modify" changeMark="1"
```

```
reasonForUpdateRefIds = "rfu - 006" >
          <objectPath allowedObjectFlag = "2" > //安全/@ 商业等级 </ob-
jectPath >
          <objectUse >商业密级 </objectUse >
          <objectValue valueForm = "single" valueAllowed = "cc51"
valueTailoring = "closed" >公开 </objectValue >
        </structureObjectRule >
        <structureObjectRule changeType = "modify" changeMark = "1"
reasonForUpdateRefIds = "rfu - 006" >
          <objectPath allowedObjectFlag = "2" > //提示/@ 颜色 </object-
Path >
          <objectUse >提示颜色 </objectUse >
          <objectValue valueForm = "single" valueAllowed = "co00"
valueTailoring = "closed" >无 </objectValue >
          <objectValue valueForm = "single" valueAllowed = "co01"
valueTailoring = "closed" >绿色 </objectValue >
          <objectValue valueForm = "single" valueAllowed = "co02"
valueTailoring = "closed" >黄褐色 </objectValue >
          <objectValue valueForm = "single" valueAllowed = "co03"
valueTailoring = "closed" >黄色 </objectValue >
          <objectValue valueForm = "single" valueAllowed = "co04"
valueTailoring = "closed" >红色 </objectValue >
          <objectValue valueForm = "single" valueAllowed = "co07"
valueTailoring = "closed" >白色 </objectValue >
          <objectValue valueForm = "single" valueAllowed = "co08"
valueTailoring = "closed" >灰色 </objectValue >
          <objectValue valueForm = "single" valueAllowed = "co09"
valueTailoring = "closed" >无色 </objectValue >
          <objectValue valueForm = "single" valueAllowed = "co51"
valueTailoring = "closed" >蓝色 </objectValue >
        </structureObjectRule >
        <structureObjectRule changeType = "add" changeMark = "1"
reasonForUpdateRefIds = "rfu - 003" >
          <! --<objectPath
allowedObjectFlag = "1" > // commentPriority / @ commentPriorityCode </
objectPath > -->
          <objectPath allowedObjectFlag = "0" > //评论优先权] </object-
```

```
Path >
            < objectUse >所需评论优先等级 < /objectUse >
          < /structureObjectRule >
          < structureObjectRule changeType = "modify" changeMark = "1"
reasonForUpdateRefIds = "rfu - 000 rfu - 003" >
            < objectPath allowedObjectFlag = "2" > //@ 评论优先权代码 < /ob-
jectPath >
            < objectUse >评论优先权等级 < /objectUse >
            < objectValue valueForm = "single" valueAllowed = "cp01"
valueTailoring = "closed" >常规 < /objectValue >
            < objectValue valueForm = "single" valueAllowed = "cp02"
valueTailoring = "closed" >突发 < /objectValue >
            < objectValue valueForm = "single" valueAllowed = "cp03"
valueTailoring = "closed" >安全重要性 < /objectValue >
          < /structureObjectRule >
          < structureObjectRule changeType = "add" changeMark = "1"
reasonForUpdateRefIds = "rfu - 004" >
            < ! --< objectPath allowedObjectFlag = "1" > //人员 /@ 人员类型
< /objectPath > -->
            < objectPath allowedObjectFlag = "0" > //人员 < /objectPath >
            < objectUse >所需人员类型 < /objectUse >
          < /structureObjectRule >
          < structureObjectRule changeType = "modify" changeMark = "1"
reasonForUpdateRefIds = "rfu - 000 rfu - 004" >
            < objectPath allowedObjectFlag = "2" > //@ crewMembertype < /
objectPath >
            < objectUse >人员类型 < /objectUse >
            < objectValue valueForm = "single" valueAllowed = "cm01"
valueTailoring = "closed" >全部 < /objectValue >
            < objectValue valueForm = "single" valueAllowed = "cm51"
valueTailoring = "closed" >ZTZ × ×坦克 < /objectValue >
            < objectValue valueForm = "single" valueAllowed = "cm52"
valueTailoring = "closed" > ZTZ × ×坦克 < /objectValue >
          < /structureObjectRule >
          < structureObjectRule >
            < objectPath allowedObjectFlag = "0" > //crewDrill /@ drill-
Type < /objectPath >
```

```
            <objectUse>与ZTZ××坦克数据模块无关的人员类型</objectUse>
        </structureObjectRule>
        <structureObjectRule changeType="modify" changeMark="1"
reasonForUpdateRefIds="rfu-006">
            <objectPath allowedObjectFlag="2">//重点/@ 重点类型</ob-
jectPath>
            <objectUse>重点类型</objectUse>
            <objectValue valueForm="single" valueAllowed="em01"
valueTailoring="closed">粗体</objectValue>
            <objectValue valueForm="single" valueAllowed="em02"
valueTailoring="closed">斜体字</objectValue>
            <objectValue valueForm="single" valueAllowed="em03"
valueTailoring="closed">下划线</objectValue>
            <objectValue valueForm="single" valueAllowed="em04"
valueTailoring="closed">跨线</objectValue>
            <objectValue valueForm="single" valueAllowed="em05"valu-
eTailoring="closed">删除线</objectValue>
        </structureObjectRule>
        <objectValue valueForm="single" valueAllowed="psd08"value-
Tailoring="closed">验证码</objectValue>
            <objectValue valueForm="single" valueAllowed="psd09"
valueTailoring="closed">训练等级</objectValue>
            <objectValue valueForm="single" valueAllowed="psd10"
valueTailoring="lexical">控制与提示值</objectValue>
        </structureObjectRule>
        <structureObjectRule changeType="modify" changeMark="1"
reasonForUpdateRefIds="rfu-006">
            <objectPath allowedObjectFlag="2">//质量/@ 质量类型</ob-
jectPath>
            <objectUse>质量数据类型</objectUse>
            <objectValue valueForm="single" valueAllowed="qty01"
valueTailoring="closed">长度</objectValue>
            <objectValue valueForm="single" valueAllowed="qty02"
valueTailoring="closed">价格</objectValue>
            <objectValue valueForm="single" valueAllowed="qty03"
valueTailoring="closed">温度</objectValue>
            <objectValue valueForm="single" valueAllowed="qty04"
```

```
valueTailoring = "closed" >时间 < /objectValue >
          < objectValue valueForm = "single" valueAllowed = "qty05"
valueTailoring = "closed" >扭矩 < /objectValue >
          < objectValue valueForm = "single" valueAllowed = "qty06"
valueTailoring = "closed" >电压 < /objectValue >
          < objectValue valueForm = "single" valueAllowed = "qty07"
valueTailoring = "closed" >容积 < /objectValue >
          < objectValue valueForm = "single" valueAllowed = "qty08"
valueTailoring = "closed" >大量 < /objectValue >
        < /structureObjectRule >
        < structureObjectRule changeType = "modify" changeMark = "1"
reasonForUpdateRefIds = "rfu - 006" >
          < objectPath allowedObjectFlag = "2" > //对话/@ 重启提示 < /ob-
jectPath >
          < objectUse >对话重启提示 < /objectUse >
          < objectValue valueForm = "single" valueAllowed = "re01"
valueTailoring = "closed" > "RESET"提示 < /objectValue >
          < objectValue valueForm = "single" valueAllowed = "re02"
valueTailoring = "closed" > "CLEAR"提示 < /objectValue >
        < /structureObjectRule >
        < structureObjectRule changeType = "modify" changeMark = "1"
reasonForUpdateRefIds = "rfu - 006" >
          < objectPath allowedObjectFlag = "2" > //评注回应/@ 回应类型 < /
objectPath >
          < objectUse >评注回应类型 < /objectUse >
          < objectValue valueForm = "single" valueAllowed = "rt01"
valueTailoring = "closed" >接受 < /objectValue >
          < objectValue valueForm = "single" valueAllowed = "rt02"
valueTailoring = "closed" >待定 < /objectValue >
          < objectValue valueForm = "single" valueAllowed = "rt03"
valueTailoring = "closed" >部分接受 < /objectValue >
          < objectValue valueForm = "single" valueAllowed = "rt04"
valueTailoring = "closed" >拒绝 < /objectValue >
        < /structureObjectRule >
        < structureObjectRule changeType = "modify" changeMark = "1"
reasonForUpdateRefIds = "rfu - 006" >
          < objectPath allowedObjectFlag = "2" > //@ skillLevelCode < /
```

```
objectPath>
            <objectUse>人员技能等级</objectUse>
            <objectValue valueForm="single" valueAllowed="sk01"
valueTailoring="closed">初级</objectValue>
            <objectValue valueForm="single" valueAllowed="sk02"
valueTailoring="closed">中级</objectValue>
            <objectValue valueForm="single" valueAllowed="sk03"
valueTailoring="closed">高级</objectValue>
          </structureObjectRule>
          <structureObjectRule changeType="modify" changeMark="1"
reasonForUpdateRefIds="rfu-006">
            <objectPath allowedObjectFlag="2">//@提交字幕</object-
Path>
            <objectUse>对话提交功能字幕</objectUse>
            <objectValue valueForm="single" valueAllowed="ok01"
valueTailoring="closed">设置"OK"字幕</objectValue>
            <objectValue valueForm="single" valueAllowed="ok02"
valueTailoring="closed">设置"SUBMIT"字幕</objectValue>
            <objectValue valueForm="single" valueAllowed="ok03"
valueTailoring="closed">设置"YES"字幕</objectValue>
            <objectValue valueForm="single" valueAllowed="ok04"
valueTailoring="closed">设置"CONTINUE"字幕</objectValue>
            <objectValue valueForm="single" valueAllowed="ok05"
valueTailoring="closed">设置"EXIT"字幕</objectValue>
          </structureObjectRule>
          <structureObjectRule changeType="modify" changeMark="1"
reasonForUpdateRefIds="rfu-006">
            <objectPath allowedObjectFlag="2">//管理者等级/@管理者等
级代码</objectPath>
            <objectUse>管理者等级</objectUse>
            <objectValue valueForm="single" valueAllowed="sl01"
valueTailoring="closed">低</objectValue>
            <objectValue valueForm="single" valueAllowed="sl02"
valueTailoring="closed">低中级</objectValue>
            <objectValue valueForm="single" valueAllowed="sl03"
valueTailoring="closed">高中级</objectValue>
            <objectValue valueForm="single" valueAllowed="sl04"
```

```
valueTailoring="closed">高</objectValue>
        </structureObjectRule>
        <structureObjectRule changeType="modify" changeMark="1" reasonForUpdateRefIds="rfu-006">
          <objectPath allowedObjectFlag="2">//@任务代码</objectPath>
          <objectUse>任务代码</objectUse>
          <objectValue valueForm="single" valueAllowed="taskcd01" valueTailoring="closed">详细检查</objectValue>
          <objectValue valueForm="single" valueAllowed="taskcd02" valueTailoring="closed">不再使用</objectValue>
          <objectValue valueForm="single" valueAllowed="taskcd03" valueTailoring="closed">功能检查</objectValue>
          <objectValue valueForm="single" valueAllowed="taskcd04" valueTailoring="closed">一般检查</objectValue>
          <objectValue valueForm="single" valueAllowed="taskcd05" valueTailoring="closed">润滑</objectValue>
          <objectValue valueForm="single" valueAllowed="taskcd06" valueTailoring="closed">操作检查</objectValue>
          <objectValue valueForm="single" valueAllowed="taskcd07" valueTailoring="closed">重新采用</objectValue>
          <objectValue valueForm="single" valueAllowed="taskcd08" valueTailoring="closed">维修</objectValue>
          <objectValue valueForm="single" valueAllowed="taskcd09" valueTailoring="closed">一般检查</objectValue>
        </structureObjectRule>
        <structureObjectRule changeType="modify" changeMark="1" reasonForUpdateRefIds="rfu-006">
          <objectPath allowedObjectFlag="2">//限制类型/@限制单元类型</objectPath>
          <objectUse>限制类型</objectUse>
          <objectValue valueForm="single" valueAllowed="lt01" valueTailoring="closed">大修间隔</objectValue>
          <objectValue valueForm="single" valueAllowed="lt02" valueTailoring="closed">低潮</objectValue>
          <objectValue valueForm="single" valueAllowed="lt03" valueTailoring="closed">维修间隔时间</objectValue>
```

```
            <objectValue valueForm="single" valueAllowed="lt04"
valueTailoring="closed">超出时间限制</objectValue>
            <objectValue valueForm="single" valueAllowed="lt05"
valueTailoring="closed">接通条件</objectValue>
            <objectValue valueForm="single" valueAllowed="lt06"
valueTailoring="closed">检查维修</objectValue>
            <objectValue valueForm="single" valueAllowed="lt07"
valueTailoring="closed">功能性检查</objectValue>
        </structureObjectRule>
        <structureObjectRule changeType="modify" changeMark="1"
reasonForUpdateRefIds="rfu-006">
            <objectPath allowedObjectFlag="2">//门限/@ 门限测量</ob-
jectPath>
            <objectUse>门限测量间隔</objectUse>
            <objectValue valueForm="single" valueAllowed="th03"
valueTailoring="closed">月</objectValue>
            <objectValue valueForm="single" valueAllowed="th04"
valueTailoring="closed">周</objectValue>
            <objectValue valueForm="single" valueAllowed="th05"
valueTailoring="closed">年</objectValue>
            <objectValue valueForm="single" valueAllowed="th06"
valueTailoring="closed">天</objectValue>
            <structureObjectRule changeType="modify" changeMark="1"
reasonForUpdateRefIds="rfu-006">
            <objectPath allowedObjectFlag="2">//资源类型/@ 资源类型代
码</objectPath>
            <objectUse>资源类型指示</objectUse>
        </structureObjectRule>
        <structureObjectRule changeType="modify" changeMark="1"
reasonForUpdateRefIds="rfu-006">
            <objectPath allowedObjectFlag="2">//资源类型/@ 资源重要度
</objectPath>
            <objectUse>与需求不相应的指示</objectUse>
            <objectValue valueForm="single" valueAllowed="sc55"
valueTailoring="closed">明白和安全的</objectValue>
            <objectValue valueForm="single" valueAllowed="sc56"
valueTailoring="closed">明白和可操作的</objectValue>
```

```
            <objectValue valueForm = "single" valueAllowed = "sc57"
valueTailoring = "closed" >明白经济的 </objectValue>
            <objectValue valueForm = "single" valueAllowed = "sc58"
valueTailoring = "closed" >隐藏,安全的 </objectValue>
            <objectValue valueForm = "single" valueAllowed = "sc59"
valueTailoring = "closed" >隐藏,非安全 </objectValue>
        </structureObjectRule>
        <structureObjectRule changeType = "modify" changeMark = "1"
reasonForUpdateRefIds = "rfu - 006" >
            <objectPath allowedObjectFlag = "2" > //书面文本/@ 书面样式 </
objectPath>
            <objectUse >书面样式 </objectUse>
            <objectValue valueForm = "single" valueAllowed = "vs01"
valueTailoring = "closed" >一般书面/objectValue>
            <objectValue valueForm = "single" valueAllowed = "vs02"
valueTailoring = "closed" >文件名 </objectValue>
            <objectValue valueForm = "single" valueAllowed = "vs11"
valueTailoring = "closed" >XML/SGML 标记 </objectValue>
            <objectValue valueForm = "single" valueAllowed = "vs12"
valueTailoring = "closed" >XML/SGML 元素名 </objectValue>
            <objectValue valueForm = "single" valueAllowed = "vs13"
valueTailoring = "closed" >XML/SGML 属性名 </objectValue>
            <objectValue valueForm = "single" valueAllowed = "vs14"
valueTailoring = "closed" >XML/SGML 属性值 </objectValue>
            <objectValue valueForm = "single" valueAllowed = "vs15"
valueTailoring = "closed" >XML/SGML 实体名 </objectValue>
            <objectValue valueForm = "single" valueAllowed = "vs16"
valueTailoring = "closed" >XML/SGML 处理指导 </objectValue>
            <objectValue valueForm = "single" valueAllowed = "vs21"
valueTailoring = "closed" >项目提示 </objectValue>
            <objectValue valueForm = "single" valueAllowed = "vs22"
valueTailoring = "closed" >用户输入 </objectValue>
            <objectValue valueForm = "single" valueAllowed = "vs23"
valueTailoring = "closed" >计算机输出 </objectValue>
            <objectValue valueForm = "single" valueAllowed = "vs24"
valueTailoring = "closed" >程序列表 </objectValue>
            <objectValue valueForm = "single" valueAllowed = "vs25"
```

```
valueTailoring = "closed" >程序变名 < /objectValue >
            <objectValue valueForm = "single" valueAllowed = "vs26"
valueTailoring = "closed" >程序变值 < /objectValue >
            <objectValue valueForm = "single" valueAllowed = "vs27"
valueTailoring = "closed" >一致 < /objectValue >
            <objectValue valueForm = "single" valueAllowed = "vs28"
valueTailoring = "closed" >Class name < /objectValue >
            <objectValue valueForm = "single" valueAllowed = "vs29"
valueTailoring = "closed" >参数名 < /objectValue >
          < /structureObjectRule >
          <structureObjectRule changeType = "modify" changeMark = "1"
reasonForUpdateRefIds = "rfu - 006" >
            < /structureObjectRule >
        < /structureObjectRuleGroup >
      < /contextRules >
      <nonContextRules changeMark = "1" reasonForUpdateRefIds = "rfu -
007"
changeType = "add" >
        <nonContextRule >
          <simplePara >ZTZ × ×坦克数据模块出版前必须经项目质量保障组审核通
过 < /simplePara >
        < /nonContextRule >
        <nonContextRule >
          <simplePara >ZTZ × ×坦克数据集必须包含相应使用实例 < /simplePara >
        < /nonContextRule >
      < /nonContextRules >
    < /brex >
  < /content >
< /dmodule >
```

5.1.2　描述性数据模块实例

描述性信息主要用于表达装备的功能、工作原理、构造，是维修人员进一步理解产品系统、子系统和单元的结构、功能、操作和控制的技术数据。描述性信息应包括相关系统的标识、位置以及重要零部件的综述，还应包括产品或电路图的示意图。此处以 ZTZ × ×坦克整体构成为例进行说明，ZTZ × ×坦克按主要部件的安装分为 5 部分，分别为操纵部分、战斗部分、发动机部分、传动部分和行动部分。由于篇幅有限，描述性数据模块内容有所删减。

1. 描述性数据模块元素结构图和相关元数据表

描述性数据模块元素结构图如图 5-3 所示。

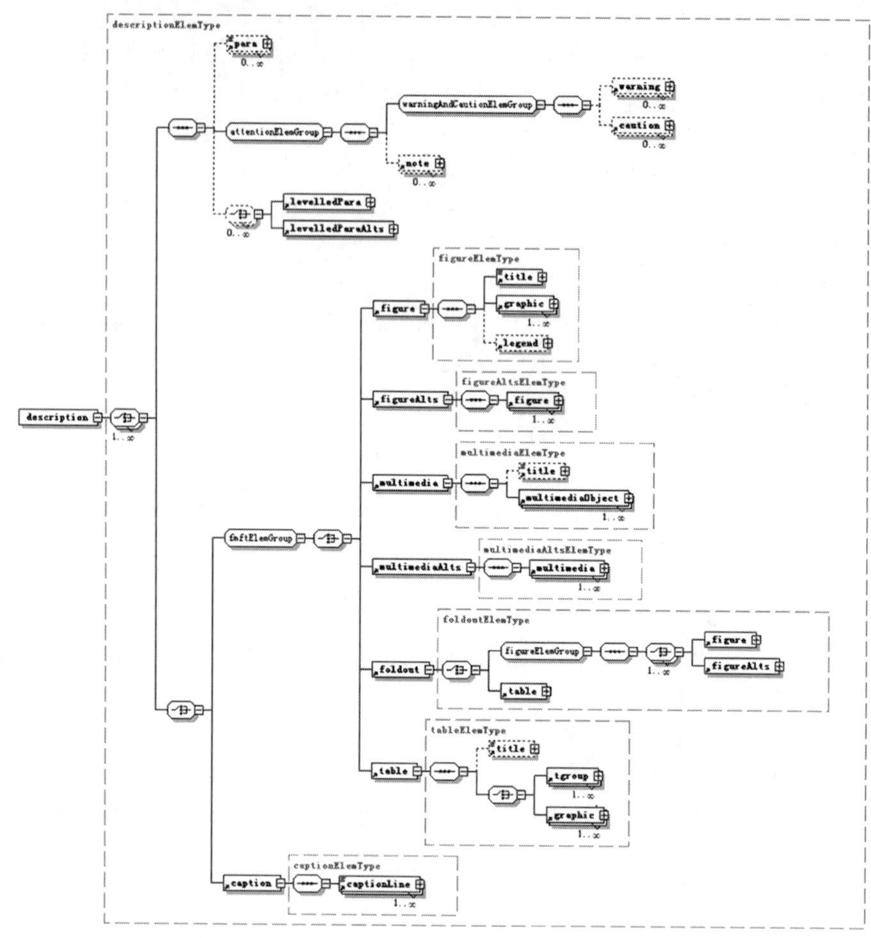

图 5-3　描述性数据模块元素结构图

描述性数据模块内容部分元数据如表 5-3 所列。

表 5-3　描述性数据模块内容部分元数据表

元数据	含义	元数据	含义
<description>	描述	applicationStructureIdent	应用结构标识
<levelledPara>	顶层段落	applicationStructureName	应用结构名
figure	图形	hotspotTitle	热点标题
<hotspot>	热点	objectDescr	对象描述

（续）

元数据	含义	元数据	含义
<tgroup>	表	colwidth	列宽
cols	列数	<row>	行
<colspec>	列定义	<listItem>	顺序列表
colname	列名	<randomList>	随机列表

2. 描述性数据模块 XML 程序

ZTZ××坦克 IETM 描述性数据模块实例如下所示。

```
<?xml version="1.0" encoding="UTF-8"?>
<!DOCTYPE dmodule [
  <!NOTATION cgm PUBLIC "-//USA-DOD//NOTATION Computer Graphics
Metafile//EN">
  <!NOTATION jpeg PUBLIC "+//ISBN 0-7923-9432-1::Graphic Nota-
tion//NOTATION Joint
Photographic Experts Group Raster//EN">
  <!NOTATION swf PUBLIC "-//S1000D//NOTATION X-SHOCKWAVE-FLASH
3D Models
Encoding//EN">
  <!NOTATION png PUBLIC "  //W3C//NOTATION Portable Network Graphics//
EN">
  <!ENTITY ICN-S1000DBIKE-AAA-D000000-0-U8025-00536-A-04-
1 SYSTEM
"ICN-S1000DBIKE-AAA-D000000-0-U8025-00536-A-04-1.CGM" NDATA cgm>
]>
<dmodule xmlns:xsi="http://www.w3.org/2001/XMLSchema-instance"
xmlns:dc="http://www.purl.org/dc/elements/1.1/"
xmlns:rdf="http://www.w3.org/1999/02/22-rdf-syntax-ns#"
xmlns:xlink="http://www.w3.org/1999/xlink"
xsi:noNamespaceSchemaLocation="http://www.s1000d.org/S1000D_4-1/
xml_schema_flat/descript.xsd">
  <rdf:Description>
    <dc:title>ZTZ××坦克构造</dc:title>
    <dc:creator>装甲兵工程学院</dc:creator>
    <dc:subject>ZTZ××坦克构造</dc:subject>
    <dc:publisher>装甲兵工程学院</dc:publisher>
```

```
    <dc:contributor>装甲兵工程学院</dc:contributor>
    <dc:date>2014-06-08</dc:date>
    <dc:type>text</dc:type>
    <dc:format>text/xml</dc:format>
    <dc:identifier>ZTZ××-A-00-00-00-00AA-041A-A_009-00</dc:
identifier>
    <dc:language>cn-ZH</dc:language>
    <dc:rights>01_cc51</dc:rights>
  </rdf:Description>
  <identAndStatusSection>
    <dmAddress>
      <dmIdent>
        <dmCode modelIdentCode="ZTZ××" systemDiffCode="A" systemCode="00"
subSystemCode="0" subSubSystemCode="0" assyCode="00" disassyCode="00"
disassyCodeVariant="A" infoCode="041" infoCodeVariant="A" itemLoca-
tionCode="A"/>
        <language countryIsoCode="cn" languageIsoCode="ZH"/>
        <issueInfo issueNumber="009" inWork="00"/>
      </dmIdent>
      <dmAddressItems>
        <issueDate day="31" month="06" year="2014"/>
        <dmTitle>
          <techName>ZTZ××坦克</techName>
          <infoName>ZTZ××坦克构造</infoName>
        </dmTitle>
      </dmAddressItems>
    </dmAddress>
    <dmStatus issueType="changed">
      <security securityClassification="01" commercialClassification
="cc51"/>
      <dataRestrictions>
        <restrictionInstructions>
          <dataDistribution>数据对所有用户没有限制</dataDistribution>
          <exportControl>
            <exportRegistrationStmt>
              <simplePara>该数据模块对项目组所有用户开放</simplePara>
            </exportRegistrationStmt>
```

```
        </exportControl>
        <dataHandling>对该数据模块无特殊使用指南</dataHandling>
        <dataDestruction>用户可自行销毁该数据模块</dataDestruction>
        <dataDisclosure>无分发限制</dataDisclosure>
      </restrictionInstructions>
      <restrictionInfo>
        <copyright>
          <copyrightPara>
            <emphasis>Copyright (C) 2013</emphasis> 项目组由下列单位
构成<randomList>
              <listItem>
                <para>装甲兵工程学院</para>
              </listItem>
              <listItem>
                <para>XXXX 部队</para>
              </listItem>
            </randomList>
          </copyrightPara>
          <copyrightPara>
            <emphasis>责任限制</emphasis>
          </copyrightPara>
          <copyrightPara>
            <randomList>
              <listItem>
                <para>装甲兵工程学院对此具有版权</para>
              </listItem>
            </randomList>
          </copyrightPara>
        </copyright>
        <policyStatement>装甲兵工程学院</policyStatement>
        <dataConds> 通常不会改变数据限制、安全等级</dataConds>
      </restrictionInfo>
    </dataRestrictions>
    <responsiblePartnerCompany enterpriseCode="zjbgcxy">
      <enterpriseName>装甲兵工程学院</enterpriseName>
    </responsiblePartnerCompany>
    <originator enterpriseCode="zjbgcxy">
```

```
    <enterpriseName>装甲兵工程学院</enterpriseName>
  </originator>
  <applicCrossRefTableRef>
    <dmRef xlink:type = "simple" xlink:actuate = "onRequest" xlink:
show = "replace"
xlink:href = "URN:S1000D:DMC - ZTZ × × - A - 00 - 00 - 00 - 00AA - 041A - A">
      <dmRefIdent>
        <dmCode modelIdentCode = "ZTZ × × " systemDiffCode = "A"
systemCode = "00" subSystemCode = "0" subSubSystemCode = "0" assyCode = "
00" disassyCode = "00"
disassyCodeVariant = "AA" infoCode = "041" infoCodeVariant = "A" itemLo-
cationCode = "A"/>
      </dmRefIdent>
    </dmRef>
  </applicCrossRefTableRef>
  <applic>
    <displayText>
      <simplePara>ZTZ × ×坦克构成</simplePara>
    </displayText>
    <evaluate andOr = "and">
       < assert applicPropertyIdent = "type" applicPropertyType = "
prodattr"
applicPropertyValues = "tank"/>
      <evaluate andOr = "or">
        <evaluate andOr = "and">
           <assert applicPropertyIdent = "model" applicPropertyType
= "prodattr"
applicPropertyValues = "ZTZ × × "/>
           <assert applicPropertyIdent = "version" applicProperty-
Type = "prodattr"
applicPropertyValues = "ZTZ × × "/>
        </evaluate>
        <evaluate andOr = "and">
           <assert applicPropertyIdent = "model" applicPropertyType
= "prodattr"
applicPropertyValues = "ZTZ × × "/>
           <assert applicPropertyIdent = "version" applicProperty-
```

```
Type = "prodattr"
applicPropertyValues = "ZTZ × × "/>
            </evaluate>
          </evaluate>
        </evaluate>
      </applic>
      <techStandard>
        <authorityInfoAndTp>
          <authorityInfo>装甲兵工程学院</authorityInfo>
          <techPubBase>ZTZ × ×坦克 IETM</techPubBase>
        </authorityInfoAndTp>
        <authorityExceptions/>
        <authorityNotes/>
      </techStandard>
      <brexDmRef>
        <dmRef xlink:type = "simple" xlink:actuate = "onRequest" xlink:
show = "replace"
xlink:href = "URN:S1000D:DMC - ZTZ × × - AAA - D00 - 00 - 00 - 00AA - 022A - D">
          <dmRefIdent>
            <dmCode modelIdentCode = "ZTZ × × " systemDiffCode = "AAA"
systemCode = "D00" subSystemCode = "0" subSubSystemCode = "0" assyCode = "
00" disassyCode = "00"
disassyCodeVariant = "AA" infoCode = "022" infoCodeVariant = "A" itemLo-
cationCode = "D"/>
          </dmRefIdent>
        </dmRef>
      </brexDmRef>
      <qualityAssurance>
        <firstVerification verificationType = "tabtop"/>
      </qualityAssurance>
      <systemBreakdownCode>BY</systemBreakdownCode>
      <skillLevel skillLevelCode = "sk01"/>
      <reasonForUpdate>
        <simplePara>schema 清零</simplePara>
        <simplePara>元素/属性重命名</simplePara>
        <simplePara>CPF 2011 - 033S1</simplePara>
      </reasonForUpdate>
```

```
    </dmStatus>
  </identAndStatusSection>
  <content>
    <description>
      <levelledPara>
        <title>ZTZ××坦克构成</title>
        </para>
        <figure id="fig-0001">
          <title>ZTZ××坦克构成</title>
           <graphic xlink:type="simple" xlink:actuate="onRequest"
xlink:show="new"
xlink:href="URN:S1000D:ICN-ZTZ××-AAA-D000000-0-U8025-00536-A
-04-1"
xlink:title="Complete bicycle" infoEntityIdent="ICN-ZTZ××-AAA-
D000000-0-U8025-00536-A-04-1">
            <hotspot id="fig-0001-gra-0001-hot-0000"
applicationStructureIdent=" hot000 " applicationStructureName=" 0 "
hotspotType="CALLOUT"
hotspotTitle="ZTZ××坦克构成" objectDescr="ZTZ××坦克构成"/>
            <hotspot id="fig-0001-gra-0001-hot-0001"
applicationStructureIdent=" hot001 " applicationStructureName=" 1 "
hotspotType="CALLOUT"
hotspotTitle="操纵部分" objectDescr="操纵部分"/>
            <hotspot id="fig-0001-gra-0001-hot-0002"
applicationStructureIdent=" hot002 " applicationStructureName=" 2 "
hotspotType="CALLOUT"
hotspotTitle="战斗部分" objectDescr="战斗部分"/>
            <hotspot id="fig-0001-gra-0001-hot-0003"
applicationStructureIdent=" hot003 " applicationStructureName=" 3 "
hotspotType="CALLOUT"
hotspotTitle="发动机部分" objectDescr="发动机部分"/>
            <hotspot id="fig-0001-gra-0001-hot-0004"
applicationStructureIdent=" hot004 " applicationStructureName=" 4 "
hotspotType="CALLOUT"
hotspotTitle="传动部分" objectDescr="传动部分"/>
            <hotspot id="fig-0001-gra-0001-hot-0005" application-
StructureIdent="hot005" applicationStructureName="5" hotspotType="
```

```
CALLOUT"
hotspotTitle="行动部分" objectDescr="行动部分"/>
          </graphic>
        </figure>
          <table>
          <title>ZTZ××坦克零件</title>
          <tgroup cols="3">
            <colspec colname="1" colwidth="40*"/>
            <colspec colname="2" colwidth="30*"/>
            <colspec colname="3" colwidth="60*"/>
            <thead>
              <row>
                <entry>
                  <para>项</para>
                </entry>
                <entry>
                  <para>参考</para>
                </entry>
                <entry>
                  <para>定义</para>
                </entry>
              </row>
            </thead>
            <tbody>
              <row>
                <entry>
                  <para>整体构成</para>
                </entry>
                <entry>
                  <para>
                    <internalRef xlink:actuate="onRequest"
xlink:show="replace" xlink:href="#fig-0001-gra-0001-hot-0009"
internalRefId="fig-0001-gra-0001-hot-0009" internalRefTarget-
Type="irtt11"/>
                  </para>
                </entry>
                <entry>
```

```
        <para>ZTZ××坦克由操纵部分、战斗部分、发动机部分、传动部分及行动部分组成。</para>
      </entry>
    </row>
    <row>
      <entry>
        <para>操纵部分</para>
      </entry>
      <entry/>
      <entry>
        <para>操纵部分包含:<randomList listItemPrefix="pf02">
          <listItem>
            <para>操纵机构</para>
          </listItem>
          <listItem>
            <para>驾驶椅</para>
          </listItem>
          <listItem>
            <para>检测仪表</para>
          </listItem>
          <listItem>
            <para>排气开关</para>
          </listItem>
        </randomList>
        </para>
      </entry>
    </row>
    <row>
      <entry>
        <para>
          <randomList listItemPrefix="pf02">
            <listItem>
              <para>战斗部分</para>
            </listItem>
          </randomList>
        </para>
      </entry>
```

```
            <entry>
              <para>
                <internalRef xlink:actuate="onRequest"
xlink:show="replace" xlink:href="#fig-0001-gra-0001-hot-0007" inter-
nalRefId=" fig - 0001 - gra - 0001 - hot - 0007 " internalRefTargetType = "
irtt11"/>
              </para>
            </entry>
            <entry/>
          </row>
          <row>
            <entry>
              <para>
                <randomList listItemPrefix="pf02">
                  <listItem>
                    <para>发动机部分</para>
                  </listItem>
                </randomList>
              </para>
            </entry>
            <entry>
              <para>
                <internalRef xlink:actuate="onRequest"
xlink:show="replace" xlink:href="#fig-0001-gra-0001-hot-0003"
internalRefId="fig-0001-gra-0001-hot-0003" internalRefTargetType = "
irtt11"/>
              </para>
            </entry>
            <entry/>
          </row>
          <row>
            <entry>
              <para>传动部分</para>
            </entry>
            <entry>
              <para>
                <internalRef xlink:actuate="onRequest"
```

```
xlink:show = "replace" xlink:href = "#fig -0001 -gra -0001 -hot -0008"
internalRefId = "fig - 0001 - gra - 0001 - hot - 0008" internalRefTarget-
Type = "irtt11"/>
                 </para>
                </entry>
                <entry>
                 <para>行动部分</para>
                </entry>
              </row>
              </tbody>
          </tgroup>
        </table>
      </levelledPara>
    </description>
  </content>
</dmodule>
```

5.1.3 程序性数据模块实例

程序信息是维修人员对装备及安装在上面的部件进行维修时所需要的技术信息,用于描述一个具体的维修任务,如部件的拆装、清洗、润滑、测试、校验等工作。

1. 程序性数据模块元素结构图和相关元数据表

程序性数据模块元素结构图如图5-4所示。

程序性数据模块内容部分元数据如表5-4所列。

表5-4 程序性数据模块内容部分元数据

元数据	含义	元数据	含义
<procedure>	程序	<supportEquipDescr>	保障装备描述
<preliminaryRqmts>	前提要求	<identNumber>	标识码
<reqCondGroup>	要求条件	<manufacturerCode>	制作人员码
<personCategory>	人员类别	<partNumber>	部分码
personCategoryCode	人员类别码	<reqQuantity>	质量要求
<trade>	类型	<mainProcedure>	主要程序
<estimatedTime>	预计时间	<proceduralStep>	程序步骤
<reqSupportEquips>	所需保障装备		

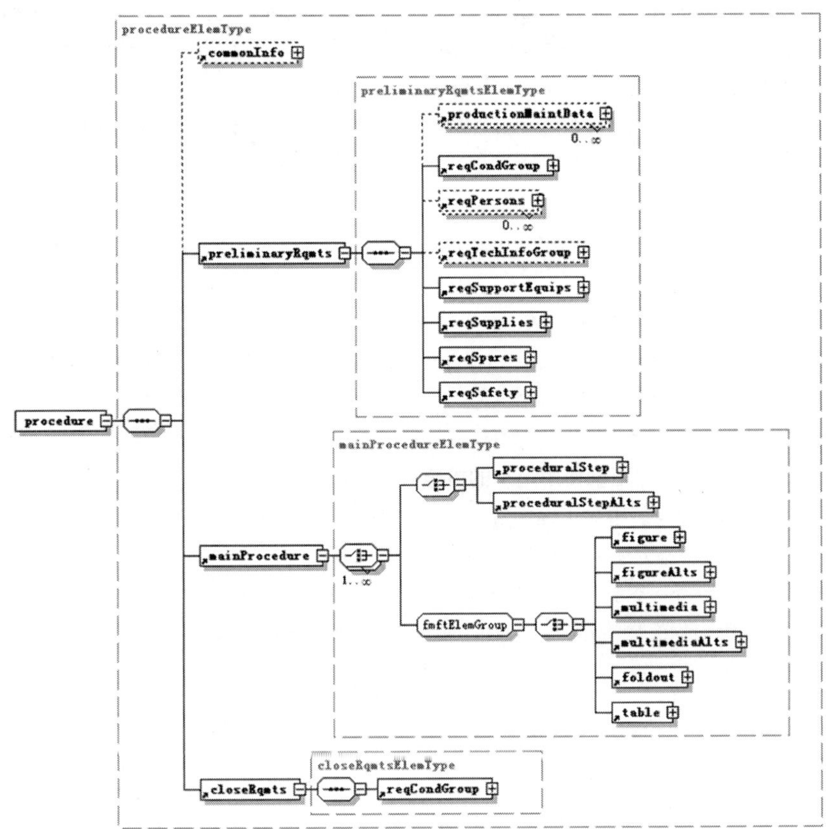

图 5－4　程序性数据模块元素结构图

2. 程序性数据模块 XML 程序

ZTZ××坦克 IETM 程序性数据模块实例 XML 程序如下所示。

```
<? xml version = "1.0" encoding = "UTF -8"? >
<! DOCTYPE dmodule [
  <! NOTATION cgm PUBLIC " - // USA - DOD// NOTATION Computer Graphics
Metafile//EN" >
  <! NOTATION jpeg PUBLIC " + // ISBN 0 - 7923 - 9432 - 1:: Graphic Nota-
tion//NOTATION Joint
Photographic Experts Group Raster//EN" >
  <! NOTATION swf PUBLIC " - // S1000D// NOTATION X - SHOCKWAVE - FLASH
3D Models
Encoding//EN" >
  <! NOTATION png PUBLIC " - //W3C//NOTATION Portable Network Graphics//EN" >
```

```
  <! ENTITY ICN - ZTZ ×× - AAA - DA10000 - 0 - U8025 - 00537 - A - 03 - 1 SYSTEM
"ICN - ZTZ ×× - AAA - DA10000 - 0 - U8025 - 00537 - A - 03 - 1.SWF" NDATA swf >
  <! ENTITY ICN - ZTZ ×× - AAA - DA10000 - 0 - U8025 - 00515 - A - 04 - 1 SYSTEM
"ICN - ZTZ ×× - AAA - DA10000 - 0 - U8025 - 00515 - A - 04 - 1.CGM" NDATA cgm >
] >
<dmodule xmlns:xsi = "http://www.w3.org/2001/XMLSchema - instance"
xmlns:dc = "http://www.purl.org/dc/elements/1.1/"
xmlns:rdf = "http://www.w3.org/1999/02/22 - rdf - syntax - ns#"
xmlns:xlink = "http://www.w3.org/1999/xlink"
xsi:noNamespaceSchemaLocation = "http://www.s1000d.org/S1000D_4 - 1/
xml_schema_flat/proced.xsd" >
  <rdf:Description >
    <dc:title >冬季正确使用坦克的措施 </dc:title >
    <dc:creator >装甲兵工程学院 </dc:creator >
    <dc:subject >ZTZ ××坦克 </dc:subject >
    <dc:publisher >装甲兵工程学院 </dc:publisher >
    <dc:contributor >装甲兵工程学院 </dc:contributor >
    <dc:date >2014 - 05 - 31 </dc:date >
    <dc:type >text </dc:type >
    <dc:format >text/xml </dc:format >
    <dc:identifier >ZTZ ×× - A - 00 - 00 - 00 - 00AA - 121A - A_008 - 00 </dc:
identifier >
    <dc:language >cn - ZH </dc:language >
    <dc:rights >01_cc51 </dc:rights >
  </rdf:Description >
  <identAndStatusSection >
    <dmAddress >
      <dmIdent >
        <dmCode modelIdentCode = "ZTZ ××" systemDiffCode = "A" system-
Code = "00"
subSystemCode = "0" subSubSystemCode = "0" assyCode = "00" disassyCode = "
00"
disassyCodeVariant = "AA" infoCode = "121" infoCodeVariant = "A" itemLo-
cationCode = "A" />
        <language countryIsoCode = "ZH" languageIsoCode = "cn" />
        <issueInfo issueNumber = "008" inWork = "00" />
      </dmIdent >
```

```
      <dmAddressItems>
        <issueDate day="31" month="06" year="2014"/>
        <dmTitle>
          <techName>ZTZ××坦克</techName>
          <infoName>冬季正确使用坦克的措施</infoName>
        </dmTitle>
      </dmAddressItems>
    </dmAddress>
    <dmStatus issueType="changed">
      <security securityClassification="01" commercialClassification
="cc51"/>
      <dataRestrictions>
        <restrictionInstructions>
          <dataDistribution>数据对所有用户没有限制</dataDistribution>
          <exportControl>
            <exportRegistrationStmt>
              <simplePara>该数据模块对项目组所有用户开放</simplePara>
            </exportRegistrationStmt>
          </exportControl>
          <dataHandling>对该数据模块无特殊使用指南</dataHandling>
          <dataDestruction>用户可自行销毁该数据模块</dataDestruction>
          <dataDisclosure>无分发限制</dataDisclosure>
        </restrictionInstructions>
        <restrictionInfo>
          <copyright>
            <copyrightPara>
              <emphasis>Copyright (C) 2013</emphasis> 项目组由下列单位
构成:<randomList>
                <listItem>
                  <para>装甲兵工程学院.</para>
                </listItem>
                <listItem>
                  <para>××××部队.</para>
                </listItem>
              </randomList>
            </copyrightPara>
            <copyrightPara>
```

```
          <emphasis>责任限制:</emphasis>
        </copyrightPara>
        <copyrightPara>
          <randomList>
            <listItem>
              <para>装甲兵工程学院对此具有版权.</para>
            </listItem>
            </randomList>
        </copyrightPara>
      </copyright>
      <policyStatement>zjbgcxy 001</policyStatement>
      <dataConds>通常不会改变数据限制、安全等级</dataConds>
    </restrictionInfo>
  </dataRestrictions>
  <responsiblePartnerCompany enterpriseCode="U8025">
    <enterpriseName>装甲兵工程学院</enterpriseName>
  </responsiblePartnerCompany>
  <originator enterpriseCode="U8025">
    <enterpriseName>装甲兵工程学院</enterpriseName>
  </originator>
  <applicCrossRefTableRef>
    <dmRef xlink:type="simple" xlink:actuate="onRequest" xlink:
show="replace"
xlink:href="URN:S1000D:DMC-ZTZ××-AAA-D00-00-00-00AA-00WA-D">
      <dmRefIdent>
        <dmCode modelIdentCode="ZTZ××" systemDiffCode="A"
systemCode="00" subSystemCode="0" subSubSystemCode="0" assyCode="
00" disassyCode="00"
disassyCodeVariant="AA" infoCode="00W" infoCodeVariant="A" itemLo-
cationCode="D"/>
      </dmRefIdent>
    </dmRef>
  </applicCrossRefTableRef>
  <applic>
    <displayText>
      <simplePara>ZTZ××</simplePara>
    </displayText>
```

```
        <evaluate andOr = "and" >
          <assert applicPropertyIdent = "type" applicPropertyType = "
prodattr"
applicPropertyValues = "ZTZ × ×"/>
          <evaluate andOr = "or" >
            <evaluate andOr = "and" >
              </evaluate>
            <evaluate andOr = "and" >
            </evaluate>
          </evaluate>
        </evaluate>
      </applic>
      <techStandard>
        <authorityInfoAndTp>
          <authorityInfo>20010131</authorityInfo>
          <techPubBase>ZTZ × ×坦克 IETM</techPubBase>
        </authorityInfoAndTp>
        <authorityExceptions/>
        <authorityNotes/>
      </techStandard>
      <brexDmRef>
        <dmRef xlink:type = "simple" xlink:actuate = "onRequest" xlink:
show = "replace"
xlink:href = "URN:S1000D:DMC - S1000DBIKE - AAA - D00 - 00 - 00 - 00AA - 022A - D" >
          <dmRefIdent>
            <dmCode modelIdentCode = "ZTZ × ×" systemDiffCode = "A"
systemCode = "00" subSystemCode = "0" subSubSystemCode = "0" assyCode = "
00" disassyCode = "00"
disassyCodeVariant = "AA" infoCode = "022" infoCodeVariant = "A" itemLo-
cationCode = "D"/>
          </dmRefIdent>
        </dmRef>
      </brexDmRef>
      <qualityAssurance>
        <firstVerification verificationType = "tabtop"/>
      </qualityAssurance>
      <systemBreakdownCode>BY</systemBreakdownCode>
```

```
      <skillLevel skillLevelCode = "sk01"/>
      <reasonForUpdate>
        <simplePara>schema 清零</simplePara>
        <simplePara>元素/属性重命名</simplePara>
      </reasonForUpdate>
    </dmStatus>
  </identAndStatusSection>
  <content>
    <refs>
      <dmRef xlink:type = "simple" xlink:actuate = "onRequest" xlink:
show = "replace"
xlink:href = "URN:S1000D:DMC-S1000DBIKE-AAA-DA4-10-00-00AA-251B-A">
        <dmRefIdent>
          <dmCode modelIdentCode = "ZTZ××" systemDiffCode = "A"
systemCode = "DA4" subSystemCode = "1" subSubSystemCode = "0" assyCode = "00"
disassyCode = "00" disassyCodeVariant = "AA" infoCode = "251" infoCode-
Variant = "B"
itemLocationCode = "A"/>
        </dmRefIdent>
        <dmRefAddressItems>
          <dmTitle>
            <techName>使用坦克</techName>
            <infoName>冬季正确使用坦克的措施</infoName>
          </dmTitle>
        </dmRefAddressItems>
      </dmRef>
    </refs>
    <procedure>
      <preliminaryRqmts>
        <reqCondGroup>
          <noConds/>
        </reqCondGroup>
        <reqPersons>
          <person man = "A">
            <personCategory personCategoryCode = "Basic user"/>
            <trade>操作人员</trade>
            <estimatedTime unitOfMeasure = "h">0,3</estimatedTime>
```

```
  </person>
</reqPersons>
<reqSupportEquips>
  <supportEquipDescrGroup>
    <supportEquipDescr id="seq-0001">
      <name></name>
      <identNumber>
        <manufacturerCode></manufacturerCode>
        <partAndSerialNumber>
          <partNumber></partNumber>
        </partAndSerialNumber>
      </identNumber>
      <reqQuantity unitOfMeasure="EA">1</reqQuantity>
    </supportEquipDescr>
    <supportEquipDescr id="seq-0002">
      <name></name>
      <identNumber>
        <manufacturerCode></manufacturerCode>
        <partAndSerialNumber>
          <partNumber></partNumber>
        </partAndSerialNumber>
      </identNumber>
      <reqQuantity unitOfMeasure="EA">1</reqQuantity>
    </supportEquipDescr>
  </supportEquipDescrGroup>
</reqSupportEquips>
<reqSupplies>
  <supplyDescrGroup>
    <supplyDescr id="sup-0001">
      <name></name>
      <identNumber>
        <manufacturerCode></manufacturerCode>
        <partAndSerialNumber>
          <partNumber></partNumber>
        </partAndSerialNumber>
      </identNumber>
      <reqQuantity></reqQuantity>
```

```
          < /supplyDescr >
        < /supplyDescrGroup >
      < /reqSupplies >
      < reqSpares >
        < noSpares/>
      < /reqSpares >
      < reqSafety >
        < noSafety/>
      < /reqSafety >
    < /preliminaryRqmts >
    < mainProcedure >
      < proceduralStep >
        < para >启动前必须对发动机加温 < /para >
        < proceduralStep >
          < para >若冷冻液为防冻液,可直接启动加温器加温。 < /para >
        < /proceduralStep >
        < proceduralStep >
          < para >若冷却液为水时,应先将 90℃的热水加入 30 ~50L,然后启动加温
器加温。< /para >
          < /proceduralStep >
      < /proceduralStep >
      < proceduralStep >
        < para >启动发动机后,若油温低于 20℃时,不允许起车,因机油黏度大,各主
要摩擦表面润滑不良 < /para >
        < proceduralStep >
          < para >此时应使发动机空转进行自行加温(空转转速:油温低于 10℃时应
为 600 ~800r/min;油温高于 10℃,可提高到 1200 ~1600r/min) < /para >
          < multimedia >
            < title >发动机启动视频 < /title >
            < multimediaObject autoPlay = "1" fullScreen = "0"
infoEntityIdent = "ICN - ZTZ × × - A - DA10000 - 0 - U8025 - 00537 - A - 03 - 1"
multimediaType = "other"/>
          < /multimedia >
        < /proceduralStep >
        < proceduralStep >
          < caution >
            < warningAndCautionPara >为防止发动机长时间在低温下工作产生胶
```

```
化,并缩短加温时间,自行加温和行驶加温时,应关闭进、排气百叶窗和风扇顶盖,并用保温垫将动力室顶盖盖好。<internalRef xlink:actuate="onRequest" xlink:show="replace" xlink:href="#fig-0001" internalRefId="fig-0001" internalRefTargetType="irtt01"/> ,应关闭进、排气百叶窗和风扇顶盖,并用保温垫将动力室顶盖盖好。</warningAndCautionPara>
          </caution>
          <figure id="fig-0001">
            <title>加湿器启动过程</title>
            <graphic xlink:type="simple" xlink:actuate="onRequest"
xlink:show="new" xlink:href="URN:S1000D:ICN-ZTZ××-A-DA10000-0-U8025-00515-A-04-1"
xlink:title="加湿器启动过程" infoEntityIdent="ICN-ZTZ××-AAA-DA10000-0-U8025-00515-A-04-1"/>
          </figure>
          <para> 当冷却液温度下降到35℃时,启动加温器,使冷却液温度提高到80~90℃后,停止加温。在整个保温期间都应照此重复。</para>
        </proceduralStep>
      </proceduralStep>
      <proceduralStep>
        <para>坦克进入冬季使用时,应加注防冻液。</para>
        <proceduralStep>
          <para>常用的是乙二醇防冻液 <internalRef xlink:actuate="onRequest"
xlink:show="replace" xlink:href="#seq-0001"
internalRefId="seq-0001" internalRefTargetType="irtt05"/> .</para>
        </proceduralStep>
        <proceduralStep>
          <para>在无乙二醇防冻液时,可用酒精、甘油和水配成酒精甘油防冻液代用。</para>
        </proceduralStep>
        </proceduralStep>
      <proceduralStep>
        <para>在使用防冻液时注意以下事项:</para>
        <proceduralStep>
          <para>防冻液膨胀系数较大,因此,向冷却系加注防冻液时应比加水的标准少加5~6L
```

```
(水散热器散热管排应露出两排),防止温度升高时防冻液外溢或胀坏散热器。</para>
          </proceduralStep>
          <proceduralStep>
            <para>乙二醇沸点高(197.49℃),蒸发损失少,使用中蒸发的主要是水,当
防冻液数量减少时,可加水补充。</para>
          </proceduralStep>
        </proceduralStep>
        <proceduralStep>
          <para>防冻液有毒,使用过程中禁止用嘴吸;接触防冻液后须用热水和肥皂洗
净;存放时容器表面应有明显标志。</para>
          </proceduralStep>
      </mainProcedure>
      <closeRqmts>
        <reqCondGroup>
          <noConds/>
        </reqCondGroup>
      </closeRqmts>
    </procedure>
  </content>
</dmodule>
```

5.1.4 故障数据模块实例

故障信息用于描述故障的现象、原因、故障件的相关信息,以及简要解决措施或者详细的故障隔离程序。故障信息分为故障报告(用于故障描述)和故障隔离程序(用于故障排除)两部分。

1. 故障数据模块元素结构图和相关元数据表

故障数据模块元素结构图如图5-5所示。

故障数据模块内容部分元数据如表5-5所列。

表5-5 故障数据模块内容部分元数据

元数据	含义	元数据	含义
<faultReporting>	故障报告	<manufacturerCode>	制造单位码
<faultDescr>	故障描述	<partAndSerialNumber>	零件序列号
<locateAndRepair>	定位与检修	<repair>	修理
<locateAndRepairLruItem>	定位与维修项	<isolatedFault>	隔离故障

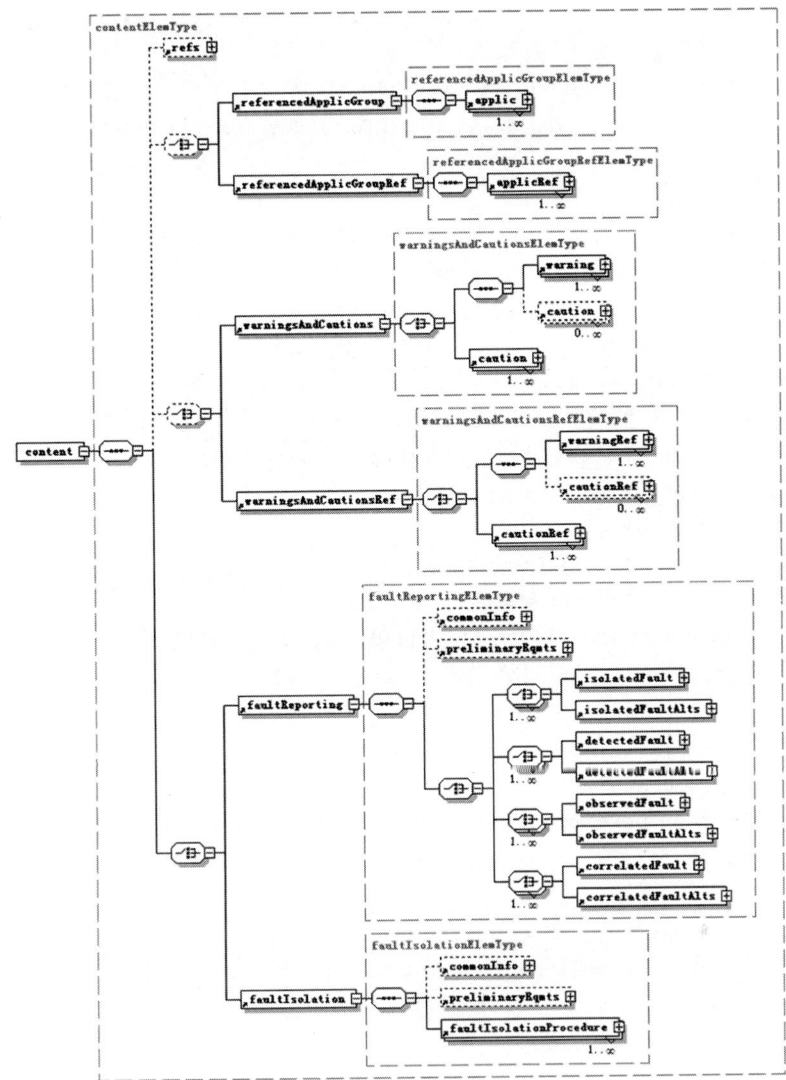

图 5－5　故障数据模块元素结构图

2. 故障数据模块 XML 程序

ZTZ××坦克 IETM 故障数据模块实例如下所示。

```
<? xml version = "1.0" encoding = "UTF-8"? >
<! DOCTYPE dmodule [
<! NOTATION cgm PUBLIC " -//USA - DOD//NOTATION Computer Graphics
Metafile//EN" >
```

```
  <! NOTATION jpeg PUBLIC " +//ISBN 0 - 7923 - 9432 - 1::Graphic Nota-
tion//NOTATION Joint
Photographic Experts Group Raster//EN" >
  <! NOTATION swf PUBLIC " - //S1000D//NOTATION X - SHOCKWAVE - FLASH
3D Models
Encoding//EN" >
  <! NOTATION png PUBLIC " - //W3C//NOTATION Portable Network Graphics//EN" >
] >
<dmodule xmlns:xsi = "http://www.w3.org/2001/XMLSchema - instance"
xmlns:dc = "http://www.purl.org/dc/elements/1.1/"
xmlns:rdf = "http://www.w3.org/1999/02/22 - rdf - syntax - ns#"
xmlns:xlink = "http://www.w3.org/1999/xlink"
xsi:noNamespaceSchemaLocation = "http://www.s1000d.org/S1000D_4 - 1/
xml_schema_flat/fault.xsd" >
  <rdf:Description >
    <dc:title >ZTZ××坦克发动机故障隔离 </dc:title >
    <dc:creator >装甲兵工程学院 </dc:creator >
    <dc:subject >ZTZ××坦克发动机故障隔离 </dc:subject >
    <dc:publisher >装甲兵工程学院 </dc:publisher >
    <dc:contributor >装甲兵工程学院 </dc:contributor >
    <dc:date >2014 - 01 - 31 </dc:date >
    <dc:type >text </dc:type >
    <dc:format >text/xml </dc:format >
    <dc:identifier >ZTZ×× - A - DA3 - 10 - 00 - 00AA - 411A - A_007 - 00 </
dc:identifier >
    <dc:language >cn - ZH </dc:language >
    <dc:rights >01_cc51_cv51 </dc:rights >
  </rdf:Description >
  <identAndStatusSection >
    <dmAddress >
      <dmIdent >
        <dmCode modelIdentCode = "ZTZ××" systemDiffCode = "A" system-
Code = "DA3"
subSystemCode = "1" subSubSystemCode = "0" assyCode = "00" disassyCode = "
00"
disassyCodeVariant = "AA" infoCode = "411" infoCodeVariant = "A" itemLo-
cationCode = "A"/>
        <language countryIsoCode = "US" languageIsoCode = "en"/>
        <issueInfo issueNumber = "007" inWork = "00"/>
```

```
      </dmIdent>
      <dmAddressItems>
        <issueDate day="31" month="12" year="2014"/>
        <dmTitle>
          <techName>ZTZ××坦克发动机</techName>
          <infoName>ZTZ××坦克发动机故障隔离</infoName>
        </dmTitle>
      </dmAddressItems>
    </dmAddress>
    <dmStatus issueType="changed">
      <security securityClassification="01" commercialClassification
="cc51" caveat="cv51"/>
      <dataRestrictions>
        <restrictionInstructions>
          <dataDistribution>项目所有成员可用</dataDistribution>
          <exportControl>
            <exportRegistrationStmt>
              <simplePara>数据对所有用户没有限制</simplePara>
            </exportRegistrationStmt>
          </exportControl>
          <dataHandling>对该数据模块无特殊使用指南</dataHandling>
          <dataDestruction>用户可自行销毁该数据模块</dataDestruction>
          <dataDisclosure>无分发限制</dataDisclosure>
        </restrictionInstructions>
        <restrictionInfo>
          <copyright>
            <copyrightPara>
              <emphasis>Copyright (C) 2013</emphasis>项目组由下列单位
构成<randomList>
                <listItem>
                  <para>装甲兵工程学院</para>
                </listItem>
                <listItem>
                  <para>XXXX 部队</para>
                </listItem>
              </randomList>
            </copyrightPara>
            <copyrightPara>
              <emphasis>责任限制:</emphasis>
```

```
            </copyrightPara>
            <copyrightPara>
              <randomList>
                <listItem>
                  <para>装甲兵工程学院拥有版权与所有权</para>
                </listItem>
              </randomList>
            </copyrightPara>
          </copyright>
          <policyStatement>装甲兵工程学院</policyStatement>
          <dataConds>通常不会改变数据限制、安全等级</dataConds>
        </restrictionInfo>
      </dataRestrictions>
      <responsiblePartnerCompany enterpriseCode="zjbgcxy">
        <enterpriseName>装甲兵工程学院</enterpriseName>
      </responsiblePartnerCompany>
      <originator enterpriseCode="zjbgcxy">
        <enterpriseName>装甲兵工程学院</enterpriseName>
      </originator>
      <applicCrossRefTableRef>
        <dmRef xlink:type="simple" xlink:actuate="onRequest" xlink:
show="replace"
link:href="URN:S1000D:DMC-S1000DBIKE-AAA-D00-00-00-00AA-00WA-D">
          <dmRefIdent>
            <dmCode modelIdentCode="ZTZ××" systemDiffCode="A"
ystemCode="D00" subSystemCode="0" subSubSystemCode="0" assyCode="
00" disassyCode="00"
disassyCodeVariant="AA" infoCode="00W" infoCodeVariant="A" itemLo-
cationCode="D"/>
          </dmRefIdent>
        </dmRef>
      </applicCrossRefTableRef>
      <applic>
        <displayText>
          <simplePara>ZTZ××坦克发动机故障隔离</simplePara>
        </displayText>
        <evaluate andOr="and">
          <assert applicPropertyIdent="type" applicPropertyType="
prodattr" pplicPropertyValues="ZTZ××"/>
```

```
          < evaluate andOr = "or" >
            < evaluate andOr = "and" >
              < assert applicPropertyIdent = "model" applicPropertyType
= "prodattr" pplicPropertyValues = "Mountain storm" />
               < assert applicPropertyIdent = " version" applicProperty-
Type = "prodattr" pplicPropertyValues = "Mk1" />
            < /evaluate >
            < evaluate andOr = "and" >
              < assert applicPropertyIdent = "model" applicPropertyType
= "prodattr" pplicPropertyValues = "Brook trekker" />
               < assert applicPropertyIdent = " version" applicProperty-
Type = "prodattr" pplicPropertyValues = "Mk9" />
            < /evaluate >
          < /evaluate >
        < /evaluate >
      < /applic >
      < techStandard >
        < authorityInfoAndTp >
          < authorityInfo >20010131 < /authorityInfo >
          < techPubBase > ZTZ ××坦克 IETM < /techPubBase >
        < /authorityInfoAndTp >
        < authorityExceptions />
        < authorityNotes />
      < /techStandard >
      < brexDmRef >
        < dmRef xlink:type = " simple" xlink:actuate = " onRequest" xlink:
show = "replace"
link:href = "URN:S1000D:DMC - ZTZ ×× - AAA - D00 - 00 - 00 - 00AA - 022A - D" >
          < dmRefIdent >
            < dmCode modelIdentCode = "ZTZ ×× " systemDiffCode = "A"
ystemCode = "00 " subSystemCode = "0 " subSubSystemCode = "0 " assyCode = "
00 " disassyCode = "00 "
disassyCodeVariant = "AA" infoCode = "022 " infoCodeVariant = "A" itemLo-
cationCode = "D" />
          < /dmRefIdent >
        < /dmRef >
      < /brexDmRef >
      < qualityAssurance >
        < firstVerification verificationType = "tabtop" />
```

```
      </qualityAssurance>
      <systemBreakdownCode>BY151</systemBreakdownCode>
      <skillLevel skillLevelCode="sk01"/>
      <reasonForUpdate>
        <simplePara>schema 清零</simplePara>
        <simplePara>元素/属性重命名</simplePara>
      </reasonForUpdate>
    </dmStatus>
  </identAndStatusSection>
  <content>
    <refs>
      <dmRef xlink:type="simple" xlink:actuate="onRequest" xlink:
show="replace"
link:href="URN:S1000D:DMC-ZTZ××-AAA-DA3-10-00-00AA-921A-A">
        <dmRefIdent>
          <dmCode modelIdentCode="ZTZ××" systemDiffCode="AAA"
systemCode="DA3" subSystemCode="1" subSubSystemCode="0" assyCode="00"
disassyCode="00" disassyCodeVariant="AA" infoCode="921" infoCode-
Variant="A"
itemLocationCode="A"/>
        </dmRefIdent>
        <dmRefAddressItems>
          <dmTitle>
            <techName>发动机故障隔离</techName>
            <infoName>ZTZ××发动机故障隔离</infoName>
          </dmTitle>
        </dmRefAddressItems>
      </dmRef>
    </refs>
    <faultReporting>
      <isolatedFault id="flt-0003" faultCode="NYCJD03">
        <faultDescr>
          <descr>发动机故障隔离</descr>
        </faultDescr>
        <locateAndRepair>
          <locateAndRepairLruItem>
            <lru>
              <name>发动机</name>
              <identNumber>
```

```
                <manufacturerCode>KZ444</manufacturerCode>
                <partAndSerialNumber>
                  <partNumber>FDJ-001</partNumber>
                </partAndSerialNumber>
              </identNumber>
            </lru>
            <repair>
              <refs>
                <dmRef xlink:type="simple" xlink:actuate="onRequest"
xlink:show="replace" xlink:href="URN:S1000D:DMC-S1000DBIKE-AAA-
DA3-10-00-00AA-921A-A">
                  <dmRefIdent>
                    <dmCode modelIdentCode="ZTZ××"
systemDiffCode="AAA" systemCode="DA3" subSystemCode="1" subSub-
SystemCode="0"
assyCode="00" disassyCode="00" disassyCodeVariant="AA" infoCode="
921" infoCodeVariant="A"
itemLocationCode="A"/>
                  </dmRefIdent>
                </dmRef>
              </refs>
            </repair>
          </locateAndRepairLruItem>
        </locateAndRepair>
      </isolatedFault>
    </faultReporting>
  </content>
</dmodule>
```

5.1.5 人员数据模块实例

人员信息是操作人员为完成其岗位责任而做的各项工作及其所需要掌握的技术信息,主要包括操作条件、功能检查、操作、操作结束等信息。操作条件信息包括进行装备操作前所需要满足的人员、环境、设施等必要条件;功能检测信息是在执行装备操作前对装备功能的检查或检测;操作信息是执行功能检测后,操作装备完成某项任务的相关信息,其包括完成操作任务的各操作步骤;操作结束信息是指操作完成后的结束工作。

1. 人员数据模块元素结构图和相关元数据表

人员数据模块元素结构图如图5-6所示。

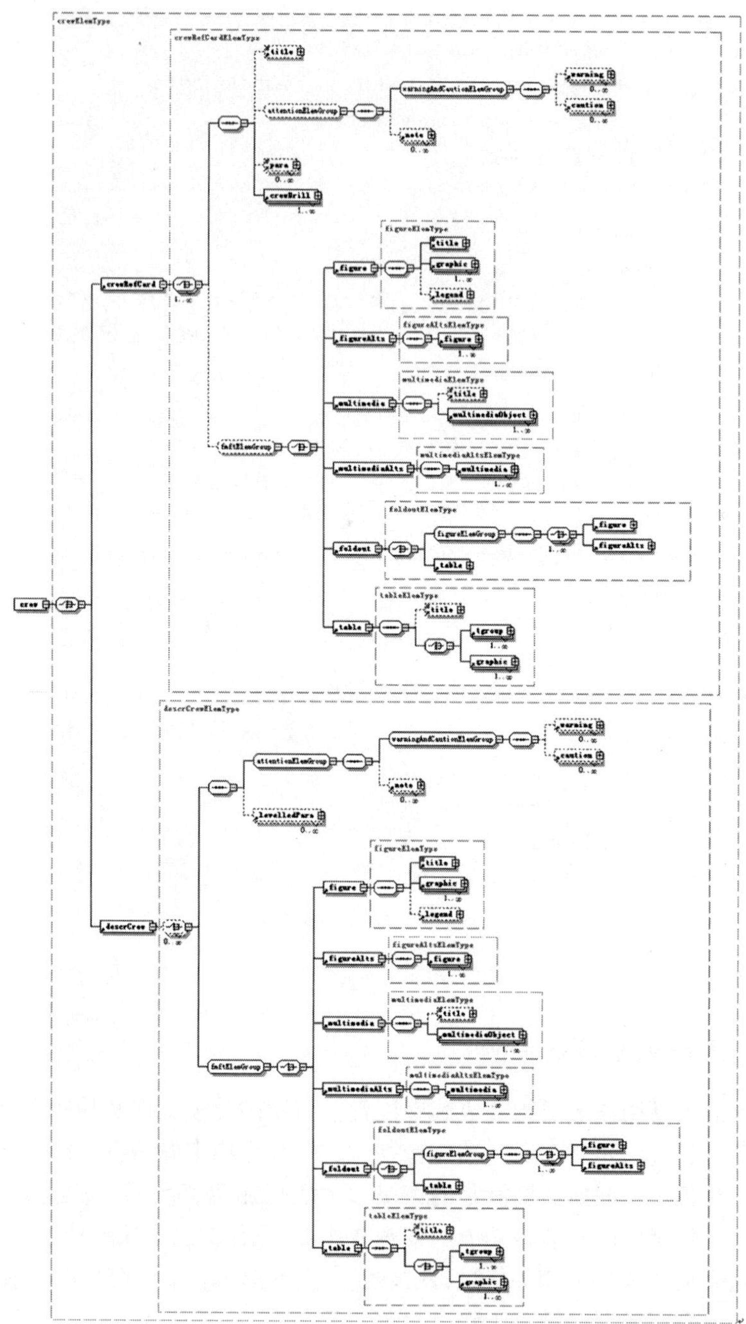

图 5－6　人员数据模块元素结构图

人员数据模块内容部分元数据如表5-6所列。

表5-6 人员数据模块内容部分元数据

元数据	含义	元数据	含义
<refs>	引用	<descrCrew>	人员描述信息
<dmRef>	数据模块引用	<warning>	警告
<dmTitle>	数据模块标题	<warningAndCautionPara>	警告与注意段落
<crew>	人员		

2. 人员数据模块XML程序

ZTZ××坦克IETM人员数据模块实例XML程序如下所示。

```
<?xml version="1.0" encoding="UTF-8"? >
<! DOCTYPE dmodule [
  <! NOTATION cgm PUBLIC " -//USA - DOD//NOTATION Computer Graphics
Metafile//EN">
  <! NOTATION jpeg PUBLIC " +//ISBN 0 - 7923 - 9432 - 1::Graphic Nota-
tion//NOTATION Joint
Photographic Experts Group Raster//EN">
  <! NOTATION swf PUBLIC " -//S1000D//NOTATION X - SHOCKWAVE - FLASH
3D Models
Encoding//EN">
  <! NOTATION png PUBLIC " -//W3C//NOTATION Portable Network Graphics//EN">
]>
<dmodule xmlns:xsi="http://www.w3.org/2001/XMLSchema-instance"
xmlns:dc="http://www.purl.org/dc/elements/1.1/"
xmlns:rdf="http://www.w3.org/1999/02/22-rdf-syntax-ns#"
xmlns:xlink="http://www.w3.org/1999/xlink"
xsi:noNamespaceSchemaLocation="http://www.s1000d.org/S1000D_4-1/
xml_schema_flat/crew.xsd">
   <rdf:Description>
     <dc:title>ZTZ××坦克人员相关描述信息</dc:title>
     <dc:creator>装甲兵工程学院</dc:creator>
     <dc:subject>ZTZ××坦克人员相关描述信息</dc:subject>
     <dc:publisher>装甲兵工程学院</dc:publisher>
     <dc:contributor>装甲兵工程学院</dc:contributor>
     <dc:date>2014-06-31</dc:date>
     <dc:type>text</dc:type>
```

```
    <dc:format>text/xml</dc:format>
    <dc:identifier>ZTZ××-A-00-00-00-00AA-043A-A_008-00</dc:
identifier>
    <dc:language>cn-ZH</dc:language>
    <dc:rights>01_cc51</dc:rights>
  </rdf:Description>
  <identAndStatusSection>
    <dmAddress>
      <dmIdent>
        <dmCode modelIdentCode="ZTZ××" systemDiffCode="A" system-
Code="00"
subSystemCode="0" subSubSystemCode="0" assyCode="00" disassyCode="00"
disassyCodeVariant="A" infoCode="043" infoCodeVariant="A" itemLoca-
tionCode="A"/>
        <language countryIsoCode="ZH" languageIsoCode="cn"/>
        <issueInfo issueNumber="008" inWork="00"/>
      </dmIdent>
      <dmAddressItems>
        <issueDate day="31" month="12" year="2014"/>
        <dmTitle>
          <techName>ZTZ××坦克人员</techName>
          <infoName>ZTZ××坦克人员相关描述信息</infoName>
        </dmTitle>
      </dmAddressItems>
    </dmAddress>
    <dmStatus issueType="changed">
      <security securityClassification="01" commercialClassification
="cc51"/>
      <dataRestrictions>
        <restrictionInstructions>
          <dataDistribution>项目所有成员可用</dataDistribution>
          <exportControl>
            <exportRegistrationStmt>
              <simplePara>数据对所有用户没有限制</simplePara>
            </exportRegistrationStmt>
          </exportControl>
          <dataHandling>对该数据模块无特殊使用指南</dataHandling>
```

```
    <dataDestruction>用户可自行销毁该数据模块</dataDestruction>
    <dataDisclosure>无分发限制</dataDisclosure>
  </restrictionInstructions>
  <restrictionInfo>
    <copyright>
      <copyrightPara>
        <emphasis>Copyright (C) 2013</emphasis> 项目组由下列单位
构成<randomList>
            <listItem>
              <para>装甲兵工程学院</para>
            </listItem>
            <listItem>
              <para>XXXX部队</para>
            </listItem>
          </randomList>
        </copyrightPara>
        <copyrightPara>
          <emphasis>责任限制</emphasis>
        </copyrightPara>
        <copyrightPara>
          <randomList>
            <listItem>
              <para>装甲兵工程学院拥有版权与所有权</para>
            </listItem>
          </randomList>
        </copyrightPara>
      </copyright>
      <policyStatement>装甲兵工程学院</policyStatement>
      <dataConds>通常不会改变数据限制、安全等级</dataConds>
    </restrictionInfo>
  </dataRestrictions>
  <responsiblePartnerCompany enterpriseCode="zjbgcxy">
    <enterpriseName>装甲兵工程学院</enterpriseName>
  </responsiblePartnerCompany>
  <originator enterpriseCode="zjbgcxy">
    <enterpriseName>装甲兵工程学院</enterpriseName>
  </originator>
```

```
      <applicCrossRefTableRef>
        <dmRef xlink:type = "simple" xlink:actuate = "onRequest" xlink:
show = "replace"
xlink:href = "URN:S1000D:DMC - ZTZ × × - AAA - D00 - 00 - 00 - 00AA - 00WA - D">
          <dmRefIdent>
            <dmCode modelIdentCode = "ZTZ × × " systemDiffCode = "AAA"
systemCode = "D00" subSystemCode = "0" subSubSystemCode = "0" assyCode = "
00" disassyCode = "00"
disassyCodeVariant = "AA" infoCode = "00W" infoCodeVariant = "A" itemLo-
cationCode = "D"/>
          </dmRefIdent>
        </dmRef>
      </applicCrossRefTableRef>
      <applic>
        <displayText>
          <simplePara>ZTZ × ×坦克</simplePara>
        </displayText>
        <evaluate andOr = "and">
            <assert applicPropertyIdent = "type" applicPropertyType = "
prodattr"
applicPropertyValues = "坦克"/>
          <evaluate andOr = "or">
            <evaluate andOr = "and">
              <assert applicPropertyIdent = "model" applicPropertyType
= "prodattr"
applicPropertyValues = "坦克"/>
               <assert applicPropertyIdent = "version" applicProperty-
Type = "prodattr"
applicPropertyValues = "坦克"/>
            </evaluate>
            <evaluate andOr = "and">
              <assert applicPropertyIdent = "model" applicPropertyType
= "prodattr"
applicPropertyValues = "坦克"/>
               <assert applicPropertyIdent = "version" applicProperty-
Type = "prodattr"
applicPropertyValues = "坦克"/>
```

```
          </evaluate>
        </evaluate>
      </evaluate>
    </applic>
    <techStandard>
      <authorityInfoAndTp>
        <authorityInfo>20010131</authorityInfo>
        <techPubBase>ZTZ××坦克 IETM</techPubBase>
      </authorityInfoAndTp>
      <authorityExceptions/>
      <authorityNotes/>
    </techStandard>
    <brexDmRef>
      <dmRef xlink:type="simple" xlink:actuate="onRequest" xlink:
show="replace"
xlink:href="URN:S1000D:DMC-ZTZ××-AAA-D00-00-00-00AA-022A-D">
        <dmRefIdent>
          <dmCode modelIdentCode="ZTZ××" systemDiffCode="AAA"
systemCode="D00" subSystemCode="0" subSubSystemCode="0" assyCode="
00" disassyCode="00"
disassyCodeVariant="AA" infoCode="022" infoCodeVariant="A" itemLo-
cationCode="D"/>
        </dmRefIdent>
      </dmRef>
    </brexDmRef>
    <qualityAssurance>
      <firstVerification verificationType="tabtop"/>
    </qualityAssurance>
    <systemBreakdownCode>BY</systemBreakdownCode>
    <skillLevel skillLevelCode="sk01"/>
    <reasonForUpdate>
      <simplePara>schema清零</simplePara>
      <simplePara>元素/属性重命名</simplePara>
    </reasonForUpdate>
  </dmStatus>
</identAndStatusSection>
<content>
```

```
    < refs >
       < dmRef xlink:type = " simple" xlink:actuate = " onRequest " xlink:
show = "replace"
xlink:href = "URN:S1000D:DMC - S1000DBIKE - AAA - DA5 - 30 - 00 - 00AA - 041A
 - A" >
         < dmRefIdent >
           < dmCode modelIdentCode = "ZTZ × × " systemDiffCode = "AAA"
systemCode = "DA5 " subSystemCode = "3 " subSubSystemCode = "0 " assyCode = "
00 "
disassyCode = "00 " disassyCodeVariant = " AA " infoCode = " 041 " infoCode-
Variant = "A"
itemLocationCode = "A" />
         < /dmRefIdent >
         < dmRefAddressItems >
           < dmTitle >
             < techName >构成 < /techName >
             < infoName >坦克构成 < /infoName >
           < /dmTitle >
         < /dmRefAddressItems >
       < /dmRef >
    < /refs >
    < crew >
      < descrCrew >
        < levelledPara >
          < title >概述 < /title >
          < para >坦克概述信息用以帮助人员进行操作 < /para >
        < /levelledPara >
        < levelledPara id = "par - 0001 " >
             < title >发动机装置 < /title >
             < para >坦克发动机是坦克车辆的重要组成部分,俗称坦克的“心脏”,它是
坦克动力的来源。 < /para >
          < /levelledPara >
          < levelledPara id = "par - 0002 " >
             < title >传动装置及其操纵机构
 < /title >
             < para > ZTZ × ×式坦克的传动装置由弹性联轴节、传动箱、主离合器、变速
箱、风扇传动装置、行星转向机和侧减速器组成
```

```
<dmRef xlink:type = "simple" xlink:actuate = "onRequest" xlink:show = "replace"
xlink:href = "URN:S1000D:DMC - ZTZ×× - AAA - DA5 - 30 - 00 - 00AA - 041A - A" >
                <dmRefIdent >
                  <dmCode modelIdentCode = "ZTZ × × " systemDiffCode = "AAA"
systemCode = "DA5 " subSystemCode = "3 " subSubSystemCode = "0 " assyCode = "
00 " disassyCode = "00 " disassyCodeVariant = "AA" infoCode = "041 " infoCo-
deVariant = "A"
itemLocationCode = "A" />
                </dmRefIdent >
              </dmRef >
          </levelledPara >
          <levelledPara id = "par - 0003 " >
            <title >坦克使用与保养 </title >
            <warning >
              <warningAndCautionPara >不按规定加水和放水或水没放净,低温下
水在冷却系内会结冰造成水套、气缸盖、水散热器、水泵及管路等冻裂。 </warningAnd-
CautionPara >
            </warning >
            <levelledPara id = "par - 0004 " >
            <title >坦克自救 </title >
            <para >坦克 <controlIndicatorRef controlIndicatorNumber = "
ci - 0004 "/>自救时,必须尽可能设法提高附着力。
You operate the  <controlIndicatorRef controlIndicatorNumber = " ci -
0004 "/> 同时又必须尽量减小运动阻力。 </para >
          </levelledPara >
        </levelledPara >
      </descrCrew >
    </crew >
  </content >
</dmodule >
```

5.1.6 学习数据模块实例

随着信息化装备复杂程度的增大,传统训练方式的低效率、长周期与高费用,已不能满足信息化人才建设的需要。在变革传统训练模式、节省诸多费用的前提下,IETM将装备信息拆分为学习(训练)数据模块,使之能够开展分布交互式训练、模拟浸没式训练等新的军事训练方式,能够极大地提高装备人员培训效率与效益。

1. 学习数据模块元素结构图和相关元数据表

学习数据模块元素结构图如图 5－7 所示。

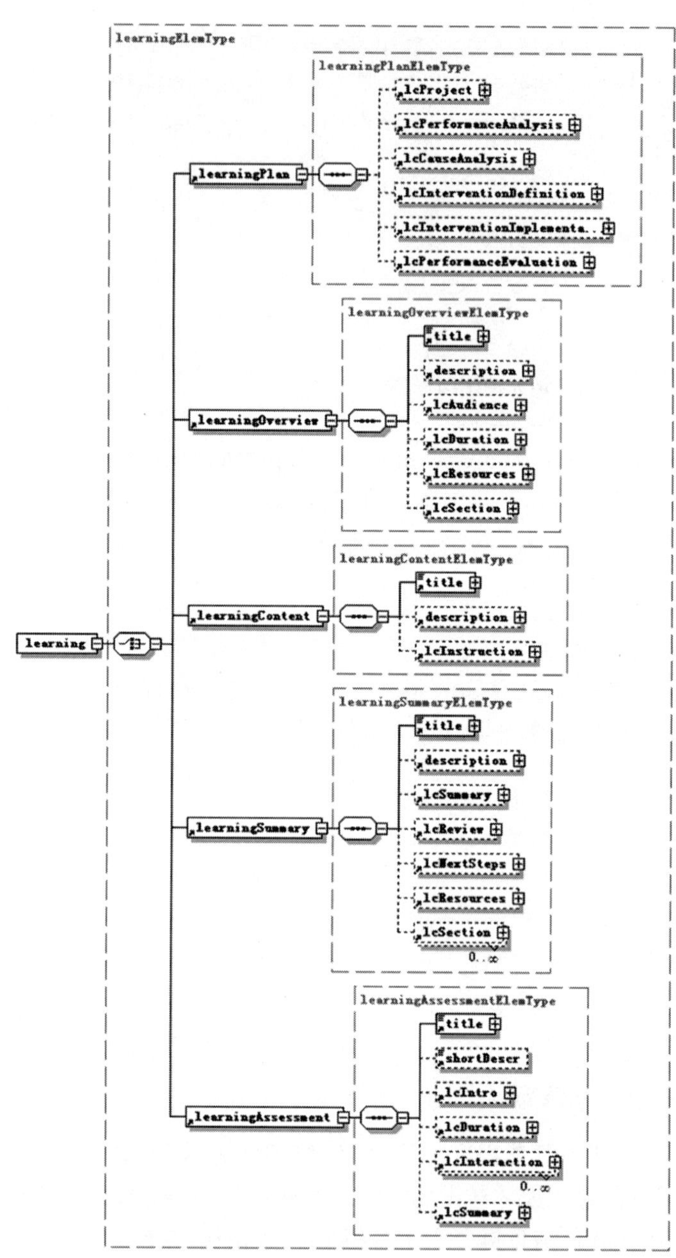

图 5－7　学习数据模块元素结构图

学习数据模块内容部分元数据如表5－7所列。

表5－7　学习数据模块内容部分元数据表

元数据	含义	元数据	含义
<learning>	学习	<lcEntryBehavior>	学习行为
<learningOverview>	学习概述	<lcDuration>	学习持续时间
<lcAudience>	学习听众	<lcSection>	学习阶段

2. 学习数据模块XML程序

ZTZ××坦克IETM学习数据模块实例如下所示。

```
<?xml version="1.0" encoding="UTF-8"?>
<!DOCTYPE dmodule [
  <!NOTATION cgm PUBLIC "-//USA-DOD//NOTATION Computer Graphics Metafile//EN">
  <!NOTATION jpeg PUBLIC "+//ISBN 0-7923-9432-1::Graphic Notation//NOTATION Joint
Photographic Experts Group Raster//EN">
  <!NOTATION swf PUBLIC "-//S1000D//NOTATION X-SHOCKWAVE-FLASH 3D Models
Encoding//EN">
  <!NOTATION png PUBLIC "-//W3C//NOTATION Portable Network Graphics//EN">
]>
<dmodule xmlns:xsi="http://www.w3.org/2001/XMLSchema-instance"
xmlns:dc="http://www.purl.org/dc/elements/1.1/"
xmlns:rdf="http://www.w3.org/1999/02/22-rdf-syntax-ns#"
xmlns:xlink="http://www.w3.org/1999/xlink"
xsi:noNamespaceSchemaLocation="http://www.s1000d.org/S1000D_4-1/xml_schema_flat/learning.xsd">
  <rdf:Description>
    <dc:title>ZTZ××坦克保养方法和规定</dc:title>
    <dc:creator/>
    <dc:subject>ZTZ××坦克保养方法和规定</dc:subject>
    <dc:publisher>装甲兵工程学院</dc:publisher>
    <dc:contributor/>
    <dc:date>2014-01-31</dc:date>
    <dc:type>text</dc:type>
```

```
    <dc:format>text/xml</dc:format>
    <dc:identifier>ZTZ××-A-00-00-00-00AA-200A-T-T10B_001-00
</dc:identifier>
    <dc:language>cn-ZH</dc:language>
    <dc:rights>01</dc:rights>
  </rdf:Description>
  <identAndStatusSection>
    <dmAddress>
      <dmIdent>
        <dmCode modelIdentCode="ZTZ××" systemDiffCode="A" system-
Code="00"
subSystemCode="0" subSubSystemCode="0" assyCode="00" disassyCode="00"
disassyCodeVariant="AA" infoCode="200" infoCodeVariant="A" itemLo-
cationCode="T"
learnCode="T10" learnEventCode="B"/>
        <language countryIsoCode="ZH" languageIsoCode="cn"/>
        <issueInfo issueNumber="001" inWork="00"/>
      </dmIdent>
      <dmAddressItems>
        <issueDate day="31" month="12" year="2014"/>
        <dmTitle>
          <techName>ZTZ××坦克保养方法和规定</techName>
          <infoName>ZTZ××坦克保养方法和规定</infoName>
        </dmTitle>
      </dmAddressItems>
    </dmAddress>
    <dmStatus issueType="new">
      <security securityClassification="01"/>
      <dataRestrictions>
        <restrictionInstructions>
          <dataDistribution>项目所有成员可用</dataDistribution>
          <exportControl>
            <exportRegistrationStmt>
              <simplePara>数据对所有用户没有限制</simplePara>
            </exportRegistrationStmt>
          </exportControl>
          <dataHandling>对该数据模块无特殊使用指南</dataHandling>
```

```
      <dataDestruction>用户可自行销毁该数据模块</dataDestruction>
      <dataDisclosure>无分发限制</dataDisclosure>
    </restrictionInstructions>
    <restrictionInfo>
      <copyright>
        <copyrightPara>
          <emphasis>Copyright (C) 2013</emphasis>项目组由下列单位
构成:<randomList>
            <listItem>
              <para>装甲兵工程学院.</para>
            </listItem>
            <listItem>
              <para>XXXX部队</para>
            </listItem>
          </randomList>
        </copyrightPara>
        <copyrightPara>
          <emphasis>责任限制:</emphasis>
        </copyrightPara>
        <copyrightPara>
          <randomList>
            <listItem>
              <para>装甲兵工程学院拥有版权与所有权</para>
            </listItem>
            </randomList>
        </copyrightPara>
      </copyright>
      <policyStatement>zjbgcxy</policyStatement>
      <dataConds>通常不会改变数据限制、安全等级</dataConds>
    </restrictionInfo>
  </dataRestrictions>
  <responsiblePartnerCompany enterpriseCode="06RT9"/>
  <originator/>
  <applic>
    <displayText/>
  </applic>
  <brexDmRef>
```

```
        <dmRef xlink:type="simple" xlink:actuate="onRequest" xlink:
show="replace"
xlink:href="URN:S1000D:DMC-S1000DBIKE-AAA-D00-00-00-00AA-022A
-D">
          <dmRefIdent>
            <dmCode modelIdentCode="ZTZ××" systemDiffCode="A"
systemCode="00" subSystemCode="0" subSubSystemCode="0" assyCode="
00" disassyCode="00"
disassyCodeVariant="AA" infoCode="022" infoCodeVariant="A" itemLo-
cationCode="D"/>
          </dmRefIdent>
        </dmRef>
      </brexDmRef>
      <qualityAssurance>
        <unverified/>
      </qualityAssurance>
      <systemBreakdownCode>D0000</systemBreakdownCode>
    </dmStatus>
  </identAndStatusSection>
  <content>
    <learning>
      <learningOverview>
        <title/>
        <lcAudience>
          <title/>
          <description/>
          <lcEntryBehavior>
            <description/>
          </lcEntryBehavior>
        </lcAudience>
        <lcDuration>
          <title/>
        </lcDuration>
        <lcResources>
          <description/>
        </lcResources>
        <lcSection>
```

```
        <description>
          <figure>
            <title/>
            <graphic xlink:type="simple" xlink:actuate="onRequest"
xlink:show="new" xlink:href="URN:S1000D:ICN-ZTZ××-A-D000000-A-
06RT9-00149-A-001-01"
infoEntityIdent="ICN-ZTZ××-A-D000000-A-06RT9-00149-A-001-
01"/>
          </figure>
        </description>
      </lcSection>
    </learningOverview>
  </learning>
 </content>
</dmodule>
```

5.2　插图、多媒体实例

根据 IETM 标准，ZTZ××坦克 IETM 所有插图及多媒体基本格式如下所示.

ICN－ZTZ××－A－D000000－0－U8025－00001－A－001－01. PNG

ICN－ZTZ××－A－D000000－0－U8025－00502－A－04－1. CGM

ICN－ZTZ××－A－D000000－0－U8025－00536－A－04－1. CGM

ICN－ZTZ××－A－D000000－A－06RT9－00149－A－001－01. JPG

ICN－ZTZ××－A－DA00000－A－06RT9－00094－A－001－01. SWF

5.3　出版物模块实例

出版物模块(Publication Module，PM)的作用是定义和管理信息对象，与数据模块很相近，主要由两部分组成：第一部分是管理信息，即 Idstatus，这一部分可以看作是通用的组成部分，因为每一出版模块都包含此类信息；第二部分是内容组成信息，包含所有供用户阅读的技术内容，不同类别的出版物，其组成不一样。

ZTZ××坦克 IETM 出版物模块实例如下所示。

```
<?xml version="1.0" encoding="UTF-8"?>
```

```
<pm xmlns:xsi="http://www.w3.org/2001/XMLSchema-instance"
xmlns:dc="http://www.purl.org/dc/elements/1.1/"
xmlns:rdf="http://www.w3.org/1999/02/22-rdf-syntax-ns#"
xmlns:xlink="http://www.w3.org/1999/xlink"
xsi:noNamespaceSchemaLocation="http://www.s1000d.org/S1000D_4-1/
xml_schema_flat/pm.xsd">
  <rdf:Description>
    <dc:title>ZTZ××坦克IETM技术出版物</dc:title>
    <dc:creator>装甲兵工程学院</dc:creator>
    <dc:subject>ZTZ××坦克IETM技术出版物</dc:subject>
    <dc:publisher>装甲兵工程学院</dc:publisher>
    <dc:contributor>装甲兵工程学院</dc:contributor>
    <dc:date>2014-06-08</dc:date>
    <dc:type>text</dc:type>
    <dc:format>text/xml</dc:format>
    <dc:identifier>BRAKE-C3002-EPWG1-00_000_01</dc:identifier>
    <dc:language>cn-ZH</dc:language>
    <dc:rights>01_cc51_cv51</dc:rights>
  </rdf:Description>
  <identAndStatusSection>
    <pmAddress>
      <pmIdent>
        <pmCode modelIdentCode="BRAKE" pmIssuer="C3002" pmNumber="
EPWG1"
pmVolume="00"/>
        <language countryIsoCode="ZH" languageIsoCode="cn"/>
        <issueInfo issueNumber="000" inWork="01"/>
      </pmIdent>
      <pmAddressItems>
        <issueDate year="2014" month="06" day="08"/>
        <pmTitle>ZTZ××坦克IETM技术出版物</pmTitle>
        <shortPmTitle>技术出版物</shortPmTitle>
      </pmAddressItems>
    </pmAddress>
    <pmStatus issueType="new">
      <security securityClassification="01" commercialClassification
="cc51" caveat="cv51"/>
```

```
<dataRestrictions>
  <restrictionInstructions>
    <dataDistribution>项目所有成员可用</dataDistribution>
    <exportControl>
      <exportRegistrationStmt>
        <simplePara>数据对所有用户没有限制</simplePara>
      </exportRegistrationStmt>
    </exportControl>
    <dataHandling>对该数据模块无特殊使用指南</dataHandling>
    <dataDestruction>用户可自行销毁该数据模块</dataDestruction>
    <dataDisclosure>无分发限制</dataDisclosure>
  </restrictionInstructions>
  <restrictionInfo>
    <copyright>
      <copyrightPara>
        <emphasis>Copyright (C) 2013</emphasis>项目组由下列单位
构成:<randomList>
          <listItem>
            <para>装甲兵工程学院.</para>
          </listItem>
          <listItem>
            <para>XXXX部队.</para>
          </listItem>
        </randomList>
      </copyrightPara>
      <copyrightPara>
        <emphasis>责任限制:</emphasis>
      </copyrightPara>
      <copyrightPara>
        <randomList>
          <listItem>
            <para>装甲兵工程学院拥有版权与所有权</para>
          </listItem>
          </randomList>
      </copyrightPara>
    </copyright>
    <policyStatement>zjbgcxy</policyStatement>
```

```
        <dataConds>通常不会改变数据限制、安全等级 </dataConds>
      </restrictionInfo>
    </dataRestrictions>
    <responsiblePartnerCompany enterpriseCode="C3002">
      <enterpriseName>ESG</enterpriseName>
    </responsiblePartnerCompany>
    <originator enterpriseCode="C3002">
      <enterpriseName>ESG</enterpriseName>
    </originator>
    <applic>
      <displayText>
        <simplePara></simplePara>
      </displayText>
      <evaluate andOr="and">
          <assert applicPropertyIdent="type" applicPropertyType="
prodattr"
applicPropertyValues="ZTZ××坦克"/>
        <evaluate andOr="or">
          <evaluate andOr="and">
            <assert applicPropertyIdent="model" applicPropertyType
="prodattr"
applicPropertyValues="ZTZ××坦克"/>
             <assert applicPropertyIdent="version" applicProperty-
Type="prodattr"
applicPropertyValues="Mk1"/>
          </evaluate>
          <evaluate andOr="and">
            <assert applicPropertyIdent="model" applicPropertyType
="prodattr"
applicPropertyValues="Brook trekker"/>
             <assert applicPropertyIdent="version" applicProperty-
Type="prodattr"
applicPropertyValues="Mk9"/>
          </evaluate>
        </evaluate>
      </evaluate>
    </applic>
```

```
      <brexDmRef>
        <dmRef xlink:type="simple" xlink:actuate="onRequest" xlink:
show="replace"
xlink:href="URN:S1000D:DMC-S1000DBIKE-AAA-D00-00-00-00AA-022A-D">
          <dmRefIdent>
            <dmCode modelIdentCode="ZTZ××" systemDiffCode="A"
systemCode="00" subSystemCode="0" subSubSystemCode="0" assyCode="
00" disassyCode="00"
disassyCodeVariant="AA" infoCode="022" infoCodeVariant="A" itemLo-
cationCode="D"/>
          </dmRefIdent>
        </dmRef>
      </brexDmRef>
      <qualityAssurance>
        <unverified/>
      </qualityAssurance>
    </pmStatus>
  </identAndStatusSection>
  <content>
    <pmEntry>
      <dmRef xlink:type="simple" xlink:actuate="onRequest" xlink:
show="replace"
xlink:href="URN:S1000D:DMC-BRAKE-AAA-D00-00-00-00AA-00WA-D_
001-00">
        <dmRefIdent>
          <dmCode modelIdentCode="ZTZ××" systemDiffCode="A" system-
Code="D00"
subSystemCode="0" subSubSystemCode="0" assyCode="00" disassyCode="
00" disassyCodeVariant="AA" infoCode="00W" infoCodeVariant="A"
itemLocationCode="D"/>
          <issueInfo issueNumber="001" inWork="00"/>
          <language countryIsoCode="ZH" languageIsoCode="cn"/>
        </dmRefIdent>
        <dmRefAddressItems>
          <dmTitle>
            <techName>ZTZ××坦克发动机故障隔离</techName>
            <infoName>ZTZ××坦克发动机故障隔离</infoName>
```

```
          </dmTitle>
          <issueDate day="31" month="12" year="2014"/>
        </dmRefAddressItems>
      </dmRef>
    </pmEntry>
    <pmEntry>
      <dmRef xlink:type="simple" xlink:actuate="onRequest" xlink:
show="replace"
xlink:href="URN:S1000D:DMC-ZTZ××-AAA-DA1-00-00-00AA-041A-A_
001-00">
        <dmRefIdent>
          <dmCode modelIdentCode="ZTZ××" systemDiffCode="A"
systemCode="DA1" subSystemCode="0" subSubSystemCode="0" assyCode="00"
disassyCode="00" disassyCodeVariant="AA" infoCode="041" infoCode-
Variant="A"
itemLocationCode="A"/>
          <issueInfo issueNumber="001" inWork="00"/>
          <language countryIsoCode="ZH" languageIsoCode="cn"/>
        </dmRefIdent>
        <dmRefAddressItems>
          <dmTitle>
            <techName>ZTZ××坦克发动机故障隔离</techName>
            <infoName>ZTZ××坦克发动机故障隔离</infoName>
          </dmTitle>
          <issueDate day="31" month="12" year="2014"/>
        </dmRefAddressItems>
      </dmRef>
    </pmEntry>
  </content>
</pm>
```

5.4 DML 与 DDN 实例

数据模块列表(data management lists,DML)用于在一个项目中,对 CSDB 中的内容进行规划、管理和控制。数据模块列表分为两种类型:数据模块需求列表(Data Management Requirement List,DMRL)和 CSDB 状态列表(CSDB Status List,CSL)。

ZTZ××坦克IET数据管理列表数据模块实例XML程序如下所示。

```
<dml xmlns:xsi="http://www.w3.org/2001/XMLSchema-instance"
xmlns:dc="http://www.purl.org/dc/elements/1.1/"
xmlns:rdf="http://www.w3.org/1999/02/22-rdf-syntax-ns#"
xmlns:xlink="http://www.w3.org/1999/xlink"
xsi:noNamespaceSchemaLocation="http://www.s1000d.org/S1000D_4-1/
xml_schema_flat/dml.xsd">
  <identAndStatusSection>
    <dmlAddress>
      <dmlIdent>
        <dmlCode modelIdentCode="ZTZ××" senderIdent="C3002" dmlType
="c"
yearOfDataIssue="2012" seqNumber="00001"/>
        <issueInfo issueNumber="001" inWork="00"/>
      </dmlIdent>
      <dmlAddressItems>
        <issueDate year="2014" month="06" day="03"/>
      </dmlAddressItems>
    </dmlAddress>
    <dmlStatus issueType="new">
      <security securityClassification="01" commercialClassification
="cc51" caveat="cv51"/>
      <dataRestrictions>
        <restrictionInstructions>
          <dataDistribution>项目所有成员可用</dataDistribution>
          <exportControl>
            <exportRegistrationStmt>
              <simplePara>数据对所有用户没有限制</simplePara>
            </exportRegistrationStmt>
          </exportControl>
          <dataHandling>对该数据模块无特殊使用指南</dataHandling>
          <dataDestruction>用户可自行销毁该数据模块</dataDestruction>
          <dataDisclosure>无分发限制</dataDisclosure>
        </restrictionInstructions>
        <restrictionInfo>
          <copyright>
            <copyrightPara>
```

```
            <emphasis>Copyright (C) 2013</emphasis>项目组由下列单位
构成:<randomList>
              <listItem>
                <para>装甲兵工程学院</para>
              </listItem>
              <listItem>
                <para>××××部队</para>
              </listItem>
            </randomList>
          </copyrightPara>
          <copyrightPara>
            <emphasis>责任限制:</emphasis>
          </copyrightPara>
          <copyrightPara>
            <randomList>
              <listItem>
                <para>装甲兵工程学院拥有版权与所有权</para>
              </listItem>
              <listItem>
                <para>装甲兵工程学院</para>
              </listItem>
              </randomList>
          </copyrightPara>
        </copyright>
        <policyStatement>zjbgcxy 001</policyStatement>
        <dataConds>通常不会改变数据限制、安全等级</dataConds>
      </restrictionInfo>
    </dataRestrictions>
    <brexDmRef>
      <dmRef>
        <dmRefIdent>
          <dmCode modelIdentCode="ZTZ××" systemDiffCode="A"
systemCode="D00" subSystemCode="0" subSubSystemCode="0" assyCode="
00" disassyCode="00"
disassyCodeVariant="AA" infoCode="022" infoCodeVariant="A" itemLo-
cationCode="D"/>
        </dmRefIdent>
```

```
        </dmRef>
      </brexDmRef>
    </dmlStatus>
  </identAndStatusSection>
  <dmlContent>
    <dmlEntry>
      <dmRef>
        <dmRefIdent>
          <dmCode modelIdentCode="ZTZ××" systemDiffCode="AAA"
systemCode="D00" subSystemCode="0" subSubSystemCode="0" assyCode="
00" disassyCode="00"
disassyCodeVariant="AA" infoCode="00W" infoCodeVariant="A" itemLo-
cationCode="D"/>
          <issueInfo issueNumber="001" inWork="00"/>
          <language countryIsoCode="ZH" languageIsoCode="cn"/>
        </dmRefIdent>
        <dmRefAddressItems>
          <dmTitle>
            <techName>ZTZ××坦克</techName>
            <infoName>适用性交叉引用列表</infoName>
          </dmTitle>
          <issueDate day="31" month="12" year="2014"/>
        </dmRefAddressItems>
      </dmRef>
      <responsiblePartnerCompany enterpriseCode="zjbgcxy">
        <enterpriseName>装甲兵工程学院</enterpriseName>
      </responsiblePartnerCompany>
    </dmlEntry>
    <dmlEntry>
      <dmRef>
        <dmRefIdent>
          <dmCode modelIdentCode="BRAKE" systemDiffCode="AAA"
systemCode="DA1" subSystemCode="0" subSubSystemCode="0" assyCode="00"
disassyCode="00" disassyCodeVariant="AA" infoCode="041" infoCode-
Variant="A"
itemLocationCode="A"/>
          <issueInfo issueNumber="001" inWork="00"/>
```

```
        <language countryIsoCode = "ZH" languageIsoCode = "cn"/>
      </dmRefIdent>
      <dmRefAddressItems>
        <dmTitle>
          <techName>ZTZ××坦克</techName>
          <infoName>ZTZ××坦克</infoName>
        </dmTitle>
        <issueDate day = "31" month = "12" year = "2014"/>
      </dmRefAddressItems>
    </dmRef>
    <responsiblePartnerCompany enterpriseCode = "zjbgcxy">
      <enterpriseName>装甲兵工程学院</enterpriseName>
    </responsiblePartnerCompany>
  </dmlEntry>
  <dmlEntry>
    <dmRef>
      <dmRefIdent>
        <dmCode modelIdentCode = "ZTZ××" systemDiffCode = "AAA"
systemCode = "D00" subSystemCode = "0" subSubSystemCode = "0" assyCode = "
00" disassyCode = "02"
disassyCodeVariant = "AA" infoCode = "012" infoCodeVariant = "A" itemLo-
cationCode = "A"/>
        <issueInfo issueNumber = "001" inWork = "00"/>
        <language countryIsoCode = "ZH" languageIsoCode = "cn"/>
      </dmRefIdent>
      <dmRefAddressItems>
        <dmTitle>
          <techName>发动机</techName>
          <infoName>发动机保养</infoName>
        </dmTitle>
        <issueDate day = "31" month = "12" year = "2012"/>
      </dmRefAddressItems>
    </dmRef>
    <responsiblePartnerCompany enterpriseCode = "FAPE3">
      <enterpriseName>研究中心</enterpriseName>
    </responsiblePartnerCompany>
  </dmlEntry>
```

```
  </dmlContent>
</dml>
```

一个 CSDB 交换(传递)包由一个数据分发说明(DDN)和如下的数据分类组成:一个或多个数据模块(DM)和相关图表(ICN)、一个 CSDB 状态列表(CSL)、一个数据模块需求列表(DMRL)、一个或多个 COMment 格式(COM)、一个或多个出版物模型(PM)。当引用、存储和交换时,其他的信息对象(如 PDF 文件)也看作一个插图。

ZTZ××坦克 IETM DDN 实例 XML 程序如下所示。

```
<ddn xmlns:xsi = "http://www.w3.org/2001/XMLSchema-instance"
xmlns:dc = "http://www.purl.org/dc/elements/1.1/"
xmlns:rdf = "http://www.w3.org/1999/02/22-rdf-syntax-ns#"
xmlns:xlink = "http://www.w3.org/1999/xlink"
xsi:noNamespaceSchemaLocation = "http://www.s1000d.org/S1000D_4-1/
xml_schema_flat/ddn.xsd">
  <identAndStatusSection>
    <ddnAddress>
      <ddnIdent>
        <ddnCode modelIdentCode = "ZTZ××" senderIdent = "C3002" receiv-
erIdent = "U8025"
yearOfDataIssue = "2014" seqNumber = "00001"/>
      </ddnIdent>
      <ddnAddressItems>
        <issueDate day = "31" month = "12" year = "2014"/>
        <dispatchTo>
          <dispatchAddress>
            <enterprise>
              <enterpriseName>装甲兵工程学院</enterpriseName>
            </enterprise>
            <address>
              <city>北京</city>
              <country>中国</country>
            </address>
          </dispatchAddress>
        </dispatchTo>
        <dispatchFrom>
          <dispatchAddress>
            <enterprise>
```

```
        <enterpriseName>×××部队</enterpriseName>
        <enterpriseUnit>×××技术室</enterpriseUnit>
      </enterprise>
      <dispatchPerson>
        <lastName>×××</lastName>
        <firstName>×××</firstName>
      </dispatchPerson>
      <address>
        <street>龙湾大街</street>
        <postalZipCode>125001</postalZipCode>
        <city>葫芦岛</city>
        <country>中国</country>
      </address>
    </dispatchAddress>
   </dispatchFrom>
  </ddnAddressItems>
 </ddnAddress>
 <ddnStatus>
  <security securityClassification="01" commercialClassification
="cc51" caveat="cv51"/>
  <dataRestrictions>
   <restrictionInstructions>
    <dataDistribution>数据对所有用户没有限制</dataDistribution>
    <exportControl>
     <exportRegistrationStmt>
      <simplePara>该数据模块对项目组所有用户开放</simplePara>
     </exportRegistrationStmt>
    </exportControl>
    <dataHandling>对该数据模块无特殊使用指南.</dataHandling>
    <dataDestruction>用户可自行销毁该数据模块</dataDestruction>
    <dataDisclosure>无分发限制</dataDisclosure>
   </restrictionInstructions>
   <restrictionInfo>
    <copyright>
     <copyrightPara>
      <emphasis>Copyright (C) 2013</emphasis>项目组由下列单位
```

构：
```
<randomList>
          <listItem>
            <para>装甲兵工程学院</para>
          </listItem>
          <listItem>
            <para>××××部队.</para>
          </listItem>
        </randomList>
      </copyrightPara>
      <copyrightPara>
        <emphasis>责任限制：</emphasis>
      </copyrightPara>
      <copyrightPara>
        <randomList>
          <listItem>
            <para>装甲兵工程学院对此具有版权.</para>
          </listItem>
          </randomList>
      </copyrightPara>
    </copyright>
    <policyStatement>zjbgcxy 001</policyStatement>
    <dataConds>通常不会改变数据限制、安全等级</dataConds>
  </restrictionInfo>
</dataRestrictions>
<authorization>zjbgcxy</authorization>
<brexDmRef>
  <dmRef>
    <dmRefIdent>
      <dmCode modelIdentCode="ZTZ××" systemDiffCode="AAA"
systemCode="D00" subSystemCode="0" subSubSystemCode="0" assyCode="
00" disassyCode="00"
disassyCodeVariant="AA" infoCode="022" infoCodeVariant="A" itemLo-
cationCode="D"/>
    </dmRefIdent>
  </dmRef>
</brexDmRef>
```

```
    </ddnStatus>
  </identAndStatusSection>
  <ddnContent>
    <mediaIdent label="sample-delivery"/>
      <deliveryListItem>
<dispatchFileName>DMC-ZTZ××-AAA-D00-00-00-01AA-012A-A_001-
00_EN-US.XML</dispatchFileName>
  <entityControlNumber>DMC-ZTZ××-AAA-D00-00-00-01AA-012A-A
</entityControlNumber>
        <issueInfo issueNumber="001" inWork="00"/>
      </deliveryListItem>
      <deliveryListItem>
  <dispatchFileName>DME-SF518-MT0701-S1000DBIKE-AAA-D00-00-00
-00AA-131A-A_008-00_EN-US.XML</dispatchFileName>
  <entityControlNumber>DMC-ZTZ××-AAA-D00-00-00-00AA-131A-A
</entityControlNumber>
        <issueInfo issueNumber="008" inWork="00"/>
      </deliveryListItem>
      <deliveryListItem>
<dispatchFileName>DML-ZTZ××-C3002-C-2012-00001_000-01.XML</
dispatchFileName>
      </deliveryListItem>
      <deliveryListItem>
  <dispatchFileName>ICN-ZTZ××-AAA-DA53000-0-U8025-00535-A-04
-1.CGM</dispatchFileName>
      </deliveryListItem>
      <deliveryListItem>
      <dispatchFileName>PMC-ZTZ××-C3002-EPWG1-00_000-01_EN-US.
XML</dispatchFileName>
      <deliveryListItem>
  <dispatchFileName>UPF-ZTZ××X-AAA-D00-00-00-00AA-00GA-D_001
-00_EN-US.XML</dispatchFileName>
</deliveryListItem>
    </deliveryList>
  </ddnContent>
</ddn>
```

5.5　IETM 显示实例

描述性数据模块显示实例如图 5-8 所示。

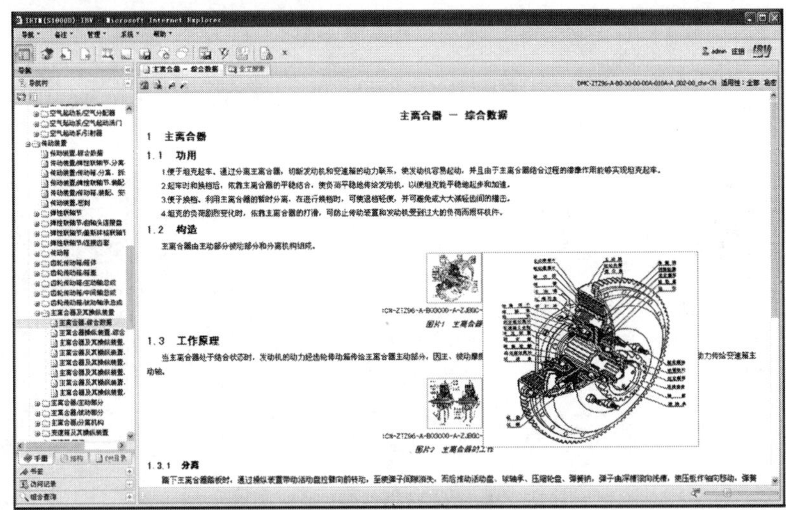

图 5-8　描述性数据模块显示实例

程序性数据模块显示实例如图 5-9 所示。

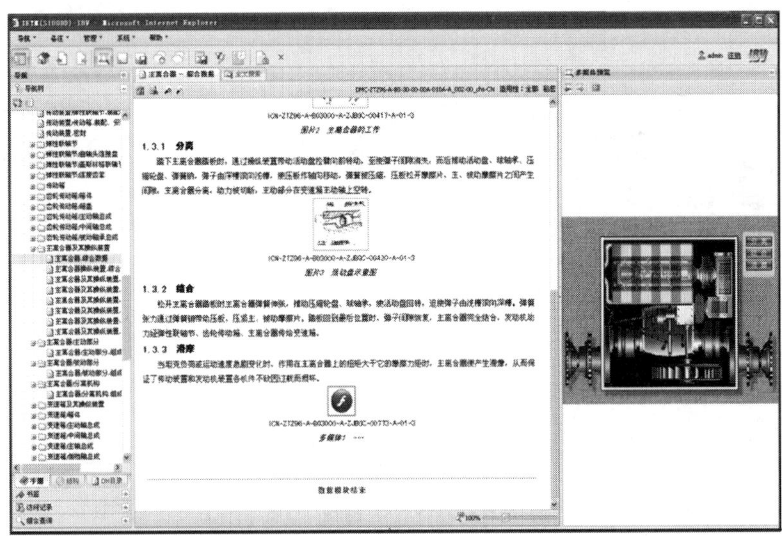

图 5-9　程序性数据模块显示实例

故障数据模块显示实例如图 5－10 所示。

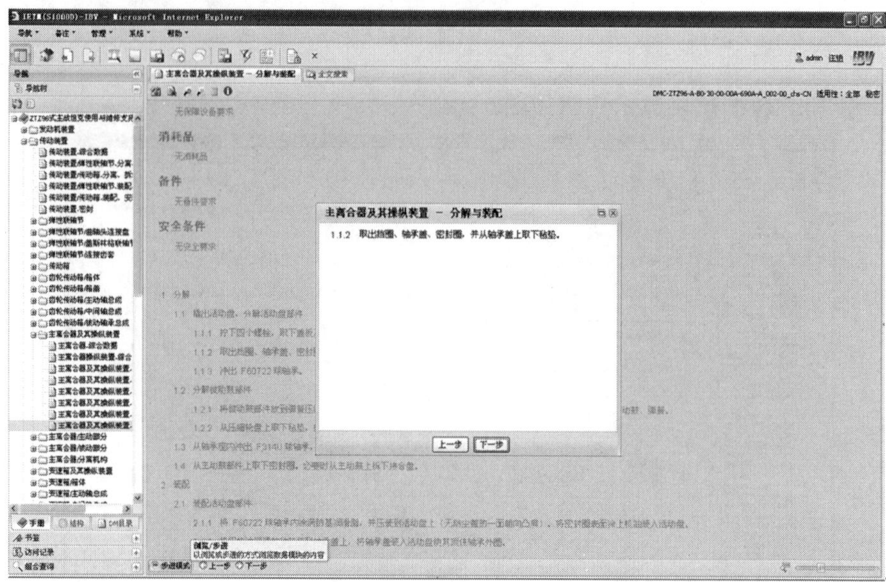

图 5－10　故障数据模块显示实例

人员数据模块显示实例如图 5－11所示。

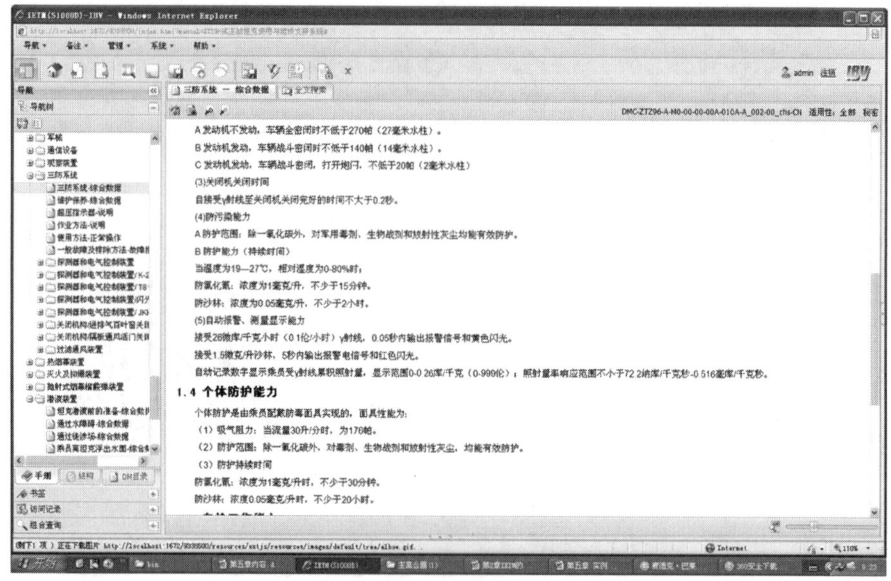

图 5－11　人员数据模块显示实例

学习数据模块显示实例如图 5－12 所示。

图 5－12　学习数据模块显示实例

附　录

附录 A　XML 术语表

A

ADO(Active Data Objects)　动态数据对象
ANSI (American National Standards Institute)美国国家标准化组织
API (Application Programming Interface)应用编程接口
ASP (Active Server Pages)　动态服务器页面
attribute　属性
attribute - list declaration　属性表声明

B

binding　绑定

C

CDATA　字符数据
CDATA section　字符数据段
CDF (Channel Definition Format)　频道定义格式
CGI (Common Gateway Interface)　公共网关接口
character　字符
character data　字符数据
class　类
CML (Chemical Markup Lan guage)　化学标记语言
COM(Component Object Model)　部件对象模型
combination　组合
Comment　注释
CORBA (Common Object Request Broker Architecture)　公共对象要求代理结构
CSS (Cascading Style Sheets)　层叠样式表

D

declaration　声明
definition　定义
delimiter　定界符
DDML（Document Definition Markup Language）　文档定义标记语言
DOM（Document Object Model）　文档对象模型
DSO（Data Source Object）　数据源对象
DSSSL（Document Style Semantics and Specification Language）　文档样式语义和规范语言
DTD（Document Type Definition）　文档类型定义

E

ECMA（European Computer Man ufacturers Association）　欧洲计算机制造商协会
EDI（Electronic Data Interchange）　电子数据交换
EEMA（European Electronic Messaging Associations）　欧洲电子信息协会
element　元素
element type declaration　元素类型声明
encoding　编码
End – tag　结束标记
entity　实体
entity declaration　实体声明
external entity　外部实体
external reference　外部引用
external subset　外部子集

G

GCA（Graphic Communications Association of America）　美国图形通信协会
general entity　通用实体

H

HGML（Hyper Graphics Markup Language）　超图像标记语言
HTML（HyperText Markup Language）　超文本标记语言
HTTP（HyperText Transfer Protocol）　超文本传输协议

HyTime(Hyperniedia/ Time - based Structuring Language - ISO/ IEC 10744) 超媒体/ 基于时间的结构语言

I

ICE(Information and Content Exchange) 信息和内容交换
identifier 标识符
IDL (Interface Definition Language) 接口定义语言
IETF(Internet Engineering Task Force) Internet 工程任务组
implicit 隐含
instance 实例
internal entity 内部实体
IP(internet protocol) 互联网协议
ISO (International Standards Organization) 国际标准化组织
ISUG(International SGML Users' Group) 国际 SGML 用户组

J

JSP(Java ServerPages, Java) 服务器页面
JVM (Java Virtual Machine ,Java) 虚拟机

K

keyword 关键字

M

map 映射
markup 标记
MathML(Mathematical Markup Language) 数学标记语言
MCF(Meta Content Framework) 元内容框架
MIME(Multipurpose Internet Mail Extension protocol) 多用途的网际邮件扩充协议
Misc 杂项
Mixed Content 混合内容

N

Name Character 名称字符

Namespace　名域
Name Token　名称记号
notation declaration　符号声明
notation　符号

O

ODBC(Open Database Connectivity)　开放数据库互连
OFX (Open Financial Exchange)　开放金融交换
Open E - book　开放电子书
OPS(Open Profiling Standard)　开放轮廓标准
OQL(Object - orientated Query Language)　面向对象查询语言
OSD(Open Software Description)　开放软件描述
OTP(Open Trading Protocol)　开放贸易协议

P

P3P(Platform for Privacy Preferences)　私有参数平台
parameter　参数
parameter entities　参数实体
p　解析
parser　解析器
PCDATA (passed character data)　解析字符数据
PDF(Portable Document Format)　便携文件格式
PGML(Precision Graphics Markup Language)　精密图像标记语言
PNG(Portable Network Graphics)　便携网络图形
PI (processing instructions)　处理指令
prolog　序言

R

RDF (Resource Description Framework)　资源描述框架
reference　引用
RF (Request For Comments)　请求注解/ Internet 标准草案

S

SAX(Simple API for XML ,XML)　简单应用编程接口

Schema　大纲
SDML (Signed Document Markup Language)　有符号文件标记语言
separator　分隔符
sequence　序列
set　集合
SGML (Standard General Markup Language)　标准通用标记语言
SMIL (Synchronized Multimedia Integration Language)　同步多媒体合成语言
space　空格
SQL(Structured Query Language)　结构化查询语言
Standalone Document Declaration　独立文档声明
Start - tag　起始标记
stylesheet　样式表
SVG (Scalable Vector Graphics)　可升级矢量图形

T

tag　标签
TCP(Transfer Control Protocol)　传输控制协议
text　文本
token　记号
TokenizedType　记号化类型

U

UCS(Universal Character Set)　通用字符集
Unicode　统一字符编码标准
unparsed entity　未解析实体
upper - case　大写
URI (Universal Resource Identifier)　统一资源标识符
URL(Uniform Resource Locator)　统一资源定位码
URN (Uniform Resource Name)　统一资源名称

V

valid　有效
validating parser　有效性验证解析器
VML (Vector Markup Language)　矢量标记语言

VRML（Virtual Reality Modeling Language） 虚拟现实建模语言

W

W3C(World Wide Web Consortium) 万维网联盟
WAP（Wireless Application Protocol） 无线应用协议
well－fonned 格式良好
white space 空白域
WIDL（Web Interface Definition Language） 网络接口定义语言
WSP(Web Stan dards Project) 网络标准项目
WWW(World Wide Web) 万维网

X

XHTML（eXtensible HyperText Markup Language） 可扩展超文本标记语言
XFDL（eXtensible Forms Description Language） 可扩展格式描述语言
XLink(XML Linking Language) XML 链接语言
XML(eXtensible Markup Language) 可扩展标记语言
XPath(XML Path Language) XML 路径语言
XPointer（XML Pointer Language） XML 指针语言
XSL(eXtersible Stylesheet Language) 可扩展样式表语言

附录 B　IETM 典型信息数据模块样式单示例

1. 描述性信息数据模块样式单

```
<? xml version = "1.0" encoding = "UTF - 8" ? >
<xsl:stylesheet version = "1.0" xmlns:xsl = "http://www.w3.org/1999/
XSL/Transform" >
  <xsl:template match = "para0 |subpara1 |subpara2 |subpara3 |subpara4 |
subpara5" >
      <a name = "{@ id}"/> <xsl:apply - templates/>
  </xsl:template >
  <xsl:template match = "para0/title" >
       <h4 class = "para0" >
       <xsl:number level = "multiple" format = "1.1."
count = "para0 |subpara1 |subpara2 |subpara3 |subpara4 |subpara5"/>
     <xsl:apply - templates/>
   </h4 >
  </xsl:template >
  <xsl:template match = "subpara1/title" >
    <xsl:choose >
      <xsl:when test = "@ id" >
        <a name = "{@ id}" >
          <h4 class = "subpara1" >
<xsl:number level = "multiple" format = "1.1."
count = "para0 |subpara1 |subpara2 |subpara3 |subpara4 |subpara5"/>
           <xsl:apply - templates/>
         </h4 >
                </a >
           </xsl:when >
           <xsl:otherwise >
                <h4 class = "subpara1" >
         <xsl:number level = "multiple"
format = "1.1." count = "para0 |subpara1 |subpara2 |subpara3 |subpara4 |sub-
para5"/>
         <xsl:apply - templates/>
       </h4 >
```

```
            </xsl:otherwise>
        </xsl:choose>
    </xsl:template>
    <xsl:template match="subpara2/title">
            <h4 class="subpara2">
        <xsl:number level="multiple"
format="1.1." count="para0|subpara1|subpara2|subpara3|subpara4|sub-
para5"/>
        <xsl:apply-templates/>
      </h4>
    </xsl:template>
    <xsl:template match="subpara3/title">
              <h4 class="subpara3">
        <xsl:number level="multiple"
format="1.1." count="para0|subpara1|subpara2|subpara3|subpara4|sub-
para5"/>
        <xsl:apply-templates/>
      </h4>
    </xsl:template>
    <xsl:template match="subpara4/title">
      <h4 class="subpara4">
        <xsl:number level="multiple"
format="1.1." count="para0|subpara1|subpara2|subpara3|subpara4|sub-
para5"/>
        <xsl:apply-templates/>
      </h4>
    </xsl:template>
    <xsl:template match="subpara5/title">
      <h4 class="subpara5">
        <xsl:number level="multiple"
format="1.1." count="para0|subpara1|subpara2|subpara3|subpara4|sub-
para5"/>
        <xsl:apply-templates/>
      </h4>
          </xsl:template>
</xsl:stylesheet>
```

2. 故障信息数据模块样式单

```
<?xml version="1.0" encoding="UTF-8"?>
```

```
<xsl:stylesheet version = "1.0" xmlns:xsl = "http://www.w3.org/1999/
XSL/Transform" >
<xsl:template match = "isoproc" >
  <p >
    <xsl:apply - templates/>
  </p >
</xsl:template >
<xsl:template match = "isostep" >
  <table border = "0" cellpadding = "0" cellspacing = "0" >
    <tr >
      <a name = "{@ id}" />
      <xsl:apply - templates/>
    </tr >
  </table >
</xsl:template >

<xsl:template match = "fault" >
  <h4 >
   故障
  </h4 >
  <xsl:value - of select = "'故障码:'" />:  <xsl:value - of select = "
@ fcode" /> <br/>
  <xsl:apply - templates/>
</xsl:template >

<xsl:template match = "dfault |ifault |ofault" >
  <tr/>
  <xsl:apply - templates/>
</xsl:template >

<xsl:template match = "fcontext" >
  <td >
    <xsl:apply - templates/>
  </td >
</xsl:template >

<xsl:template match = "describe[not(ancestor::afi)]" >
```

```
  <td>
    <xsl:value-of select="parent::dfault/@ fcode |parent::ifault/@
fcode | parent::ofault/@ fcode"/>
  </td>
  <td>
    <xsl:apply-templates/>
  </td>
</xsl:template>

<xsl:template match="question">
  <tr>
    <td/>
    <td valign="top">
      <strong>
        <xsl:value-of select="'询问'"/>: <xsl:apply-tem-
plates/>
      </strong>
    </td>
  </tr>
</xsl:template>

<xsl:template match="answer">
  <tr>
    <td/>
    <td valign="top">
      <xsl:value-of select="'情况'"/>: <xsl:apply-templates/>
    </td>
  </tr>
</xsl:template>

<xsl:template match="isolatep">
  <a name="{@ id}"/>
  <h3>
    <xsl:value-of select="'隔离过程'"/>
  </h3>
  <div class="indentStep">
    <xsl:apply-templates/>
```

```
  </div>
</xsl:template>

<xsl:template match="action">
  <xsl:choose>
    <xsl:when test="position() = 1">
      <td valign="top" width="30px">
        <xsl:number format="1." count="isostep"/> 
      </td>
      <td valign="top">
        <xsl:apply-templates/>
      </td>
    </xsl:when>
    <xsl:otherwise>
      <p>
        <xsl:apply-templates/>
      </p>
    </xsl:otherwise>
  </xsl:choose>
</xsl:template>

<xsl:template match="action[parent::isoend]">
  <xsl:apply-templates/>
</xsl:template>

<xsl:template match="closetxt">
  <p>
    <table class="indentStep" cellpadding="0" cellspacing="0" bor-
der="0">
      <xsl:apply-templates/>
    </table>
  </p>
</xsl:template>

<xsl:template match="sel-list|yesno">
  <ul>
    <xsl:apply-templates/>
```

```
  </ul>
</xsl:template>

<xsl:template match="choice">
  <li>
    <a>
      <xsl:attribute name="href">
        #<xsl:value-of select="@refid"/>
      </xsl:attribute>
      <xsl:apply-templates/>
    </a>
  </li>
</xsl:template>

<xsl:template match="yes">
  <li>
    <a>
      <xsl:attribute name="href">
        #<xsl:value-of select="@refid"/>
      </xsl:attribute>Yes_
      <xsl:value-of select ="."/>
    </a>
  </li>
</xsl:template>

<xsl:template match="no">
  <li>
    <a>
      <xsl:attribute name="href">
        #<xsl:value-of select="@refid"/>
      </xsl:attribute>No_
      <xsl:value-of select ="."/>
    </a>
  </li>
</xsl:template>

<xsl:template match="isoend">
```

```
    <a name = "{@ id}"/>
    <p>
      <xsl:apply-templates/>
    </p>
</xsl:template>

<xsl:template match = "afr">
    <xsl:for-each select = "dfault|ifault|ofault">
      <br/>
      <!--<hr size = "3" color = "LightSkyBlue"></hr>-->
      <xsl:call-template name = "fault_table"/>
    </xsl:for-each>
</xsl:template>

<xsl:template match = "disolate|isolate/lruitem/lru">
    <td>
      <xsl:apply-templates/>
    </td>
</xsl:template>

<xsl:template match = "detect">
    <td>
      <xsl:apply-templates/>
    </td>
</xsl:template>

<xsl:template match = "identno/mfc[ancestor::ifault]|pnr[ancestor::
ifault]|identno/mfc[ancestor::dfault]|pnr[ancestor::dfault]|identno/
mfc[ancestor::ofault]|pnr[ancestor::ofault]">
    <br/>
    <xsl:if test = "self::pnr">
      <xsl:value-of select = "'零件号'"/>: 
    </xsl:if>
    <xsl:if test = "self::mfc">
      <xsl:value-of select = "'生产厂家'"/>: 
    </xsl:if>
    <xsl:apply-templates/>
```

```
</xsl:template>

<xsl:template match="locandrep">
  <td>
    <xsl:apply-templates/>
  </td>
</xsl:template>

<xsl:template match=" ifault/ remarks |ofault/ remarks |dfault/
remarks">
  <table>
    <tr>
      <td>
        <h5>Remarks</h5>
      </td>
    </tr>
    <tr>
      <td>
        <xsl:apply-templates/>
      </td>
    </tr>
  </table>
</xsl:template>

<xsl:template match="test">
  <xsl:call-template name="fault_table"/>
  <tr/>
</xsl:template>

<xsl:template match="testdesc">
  <td>
    <xsl:value-of select="parent::test/@ type"/>
  </td>
  <td>
    <xsl:value-of select="parent::test/@ code"/>
  </td>
  <td>
```

```
    <xsl:apply-templates/>
  </td>
</xsl:template>

<xsl:template match="data">
  <td>
    <xsl:value-of select="@from"/>
    <xsl:if test="@from ! = @to">
      - <xsl:value-of select="@to"/>
    </xsl:if> 
    <xsl:value-of select="@uom"/>
  </td>
</xsl:template>

<xsl:template name="fault_table">
  <xsl:if test="self::test">
    <table>
      <tr>
        <td>
          <br/>
          <h4>测试</h4>
        </td>
      </tr>
    </table>
  </xsl:if>
  <table border="0" width="100%" class="lineTopAndBottom" cell-
spacing="0" cellpadding="3">
    <tr class="lineBottom">
      <xsl:if test="self::dfault |self::ifault |self::ofault">
        <xsl:call-template name="generalTblHeader">
          <xsl:with-param name="label" select="'故障码'"></xsl:with
-param>
        </xsl:call-template>
      </xsl:if>
      <xsl:if test="self::test/@type">
        <xsl:call-template name="generalTblHeader">
          <xsl:with-param name="label" select="'类型'"></xsl:with-
```

```
param >
          < /xsl:call - template >
        < /xsl:if >
        < xsl:if test = "self::test/@ code" >
          < xsl:call - template name = "generalTblHeader" >
            < xsl:with - param name = "label" select = "'编码'" > < /xsl:with -
param >
          < /xsl:call - template >
        < /xsl:if >
        < xsl:if test = "child::testdesc" >
          < xsl:call - template name = "generalTblHeader" >
            < xsl:with - param name = "label" select = "'测试描述'" > < /xsl:
with - param >
          < /xsl:call - template >
        < /xsl:if >
        < xsl:if test = "child::data" >
          < xsl:call - template name = "generalTblHeader" >
            < xsl:with - param name = "label" select = "'数据'" > < /xsl:with -
param >
          < /xsl:call - template >
        < /xsl:if >

        < xsl:if test = "descendant::fdesc" >
          < xsl:call - template name = "generalTblHeader" >
            < xsl:with - param name = "label" select = "'故障描述'" > < /xsl:
with - param >
          < /xsl:call - template >
        < /xsl:if >
        < xsl:if test = "descendant::fcontext" >
          < xsl:call - template name = "generalTblHeader" >
            < xsl:with - param name = "label" select = "'故障信息'" > < /xsl:
with - param >
          < /xsl:call - template >
        < /xsl:if >
        < xsl:if test = "descendant::locandrep" >
          < xsl:call - template name = "generalTblHeader" >
            < xsl:with - param name = "label" select = "'定位和隔离'" > < /xsl:
```

```
with-param>
          </xsl:call-template>
        </xsl:if>
        <xsl:if test="descendant::detect">
          <xsl:call-template name="generalTblHeader">
            <xsl:with-param name="label" select="'查找信息'"></xsl:
with-param>
          </xsl:call-template>
        </xsl:if>
        <xsl:if test="descendant::disolate|descendant::isolate">
          <xsl:call-template name="generalTblHeader">
            <xsl:with-param name="label" select="'隔离信息'"></xsl:
with-param>
          </xsl:call-template>
        </xsl:if>
      </tr>
      <xsl:apply-templates/>
    </table>
    <br/>
</xsl:template>

</xsl:stylesheet>
```

3. 维修程序信息数据模块样式单

```
<?xml version="1.0" encoding="utf-8"?>
<xsl:stylesheet version="1.0" xmlns:xsl="http://www.w3.org/1999/
XSL/Transform">
<xsl:param name="size" select="4"/>
<xsl:template match="mainfunc">
    <h4>操作工序</h4>
    <table cellpadding="0" cellspacing="0" border="0" width="
100%">
      <xsl:apply-templates/>
    </table>
</xsl:template>
<xsl:template match="closeup">
   <h4>结束工序</h4>
   <table cellpadding="0" cellspacing="0" border="0" width="
```

```
100% ">
    <xsl:apply-templates/>
  </table>
</xsl:template>
<xsl:template match="step1 |step2 |step3 |step4 |step5" >
   <xsl:param name="pages"/>
   <tr valign="top">
     <td width="10% ">
       <a name="{parent::*/@id}">步骤</a>
       <xsl:number level="multiple" format="1.1."
count="step1 |step2 |step3 |step4 |step5"/>  
     </td>
     <td>
       <xsl:apply-templates/>
     </td>
   </tr>

</xsl:template>

<xsl:template match="prelreqs">
   <h4>
      准备
   </h4>
   <xsl:apply-templates/>
</xsl:template>

<xsl:template match="reqconds">
   <xsl:choose>
     <xsl:when test="not(noconds)">
       <table border="0" width="100% " cellspacing="0" cellpadding
="0">
         <xsl:if test="parent::prelreqs">
           <tr>
             <td>
               <h5>
                 <xsl:value-of select="'开始条件'"/>
               </h5>
```

```
          </td>
        </tr>
      </xsl:if>
      <xsl:if test="parent::closereqs">
        <br/>
        <h3>
          <xsl:value-of select="'结束条件'"/>
        </h3>
      </xsl:if>

      <tr>
        <td>
          <table border="0" width="100%" class="prelreq_table"
cellspacing="0"
cellpadding="3">
            <tr>
              <xsl:call-template name="generalTblHeader">
                 <xsl:with-param name="label" select="'条件'"></
xsl:with-param>
              </xsl:call-template>
              <xsl:call-template name="generalTblHeader">
                 <xsl:with-param name="label" select="'引用'"></
xsl:with-param>
              </xsl:call-template>
            </tr>
            <xsl:apply-templates/>
          </table>
        </td>
      </tr>
    </table>
  </xsl:when>
  <xsl:otherwise>
    <xsl:if test="parent::prelreqs">
      <h5>
        <xsl:value-of select="'前提'"/>
      </h5>
    </xsl:if>
```

```
      <xsl:if test = "not(parent::prelreqs)" >
        <h5 >
          <xsl:value - of select = "'结束条件'" />
        </h5 >
      </xsl:if >
      <xsl:apply - templates/>
    </xsl:otherwise >
  </xsl:choose >
</xsl:template >

<xsl:template match = "reqcondm" >
  <tr >
    <xsl:apply - templates/>
        <xsl:if test = "not(following - sibling::refdm)" >
      <td/>
    </xsl:if >
  </tr >
</xsl:template >

<xsl:template match = "reqcontp" >
  <tr >
    <xsl:apply - templates/>
    <xsl:if test = "not(following - sibling::reftp)" >
      <td/>
    </xsl:if >
  </tr >
</xsl:template >

<xsl:template match = "reqcond" >
  <xsl:choose >
    <xsl:when test = "following - sibling::refdm" >
      <td >
        <xsl:apply - templates/>
      </td >
    </xsl:when >
    <xsl:when test = "following - sibling::reftp" >
      <td >
```

```
        <xsl:apply-templates/>
      </td>
    </xsl:when>
    <xsl:otherwise>
      <tr>
        <td>
          <xsl:apply-templates/>
        </td>
        <td>---</td>
      </tr>
    </xsl:otherwise>
  </xsl:choose>
</xsl:template>


<xsl:template match="reqpers">
  <h5>
人员
  </h5>
  <xsl:choose>
    <xsl:when test="not(asrequir)">
      <table border="0" width="100% " class="prelreq_table" cell-
spacing="0" cellpadding="3">
        <tbody>
          <tr>
            <xsl:call-template name="generalTblHeader">
              <xsl:with-param name="label" select="'人员'"></xsl:
with-param>
            </xsl:call-template>
            <xsl:call-template name="generalTblHeader">
              <xsl:with-param name="label" select="'专业'"></xsl:
with-param>
            </xsl:call-template>
            <xsl:call-template name="generalTblHeader">
              <xsl:with-param name="label" select="'级别'"></xsl:
with-param>
            </xsl:call-template>
```

```
            <xsl:call-template name="generalTblHeader">
              <xsl:with-param name="label" select="'工时'"></xsl:
with-param>
            </xsl:call-template>
          </tr>
        </tbody>
        <xsl:for-each select="person">
          <tr>
            <td width="10%">
              <xsl:value-of select="@man"/>
            </td>
            <td width="20%">
              <xsl:value-of select="following-sibling::perscat/@
category"/>
            </td>
            <xsl:if test="following-sibling::personskill">
              <td width="20%">
                技能：<xsl:value-of select="following-sibling::per-
sonskill/@skill"/><br/>
                水平：<xsl:value-of select="following-sibling::per-
sonskill/@level"/><br/>
                成绩：<xsl:value-of select="following-sibling::per-
sonskill/@mark"/><br/>
                改进：<xsl:value-of select="following-sibling::per-
sonskill/@change"/>
              </td>
            </xsl:if>
            <xsl:if test="following-sibling::trade">
              <td width="20%">
                <xsl:value-of select="following-sibling::trade"/>
              </td>
            </xsl:if>
            <xsl:if test="following-sibling::esttime">
              <td width="10%">
                <xsl:value-of select="following-sibling::esttime"/>
              </td>
            </xsl:if>
```

```
          </tr>
        </xsl:for-each>

      </table>
    </xsl:when>
    <xsl:otherwise>
      <xsl:apply-templates/>
    </xsl:otherwise>
  </xsl:choose>
</xsl:template>

<xsl:template match="dmtitle|infoname">
  <!-- suppress title in metadata information pane -->
</xsl:template>

<xsl:template match="refdm/dmtitle">
  <td><xsl:apply-templates/></td>
</xsl:template>

<xsl:template match="supequip">
  <h5>
设备准备
  </h5>
  <xsl:apply-templates/>
</xsl:template>
<xsl:template match="spares">
  <h5>
零部件准备
  </h5>
  <xsl:apply-templates/>
</xsl:template>
<xsl:template match="safety">
  <h5>
安全准备
  </h5>
  <xsl:apply-templates/>
</xsl:template>
```

```
<xsl:template match="noconds|nosupeq|nosupply|nospares|nosafety|as-
requir">
   ---
</xsl:template>

<xsl:template match="supeqli|sparesli|supplyli">
   <xsl:call-template name="part_table"/>
</xsl:template>

<xsl:template name="part_table">
   <table border="0" width="100%"  class="prelreq_table"  cell-
spacing="0" cellpadding="3">
      <tr class="lineBottom">
        <xsl:if test="descendant::applic">
          <xsl:call-template name="generalTblHeader">
             <xsl:with-param name="label" select="'Applic'"></xsl:
with-param>
          </xsl:call-template>
        </xsl:if>

        <xsl:call-template name="generalTblHeader">
          <xsl:with-param name="label" select="'设备表'"></xsl:with-
param>
        </xsl:call-template>

        <xsl:if test="descendant::nsn">
          <xsl:call-template name="generalTblHeader">
            <xsl:with-param name="label" select="'存储码'"></xsl:with
-param>
          </xsl:call-template>
        </xsl:if>
        <xsl:if test="descendant::identno/mfc">
          <xsl:call-template name="generalTblHeader">
            <xsl:with-param name="label" select="'厂家'"></xsl:with-
param>
          </xsl:call-template>
        </xsl:if>
```

```
        <xsl:if test = "descendant::identno/pnr" >
          <xsl:call - template name = "generalTblHeader" >
            <xsl:with - param name = "label" select = "'制造商零件号'" > </
xsl:with - param >
          </xsl:call - template >
        </xsl:if >
        <xsl:if test = "descendant::serialno" >
          <xsl:call - template name = "generalTblHeader" >
            <xsl:with - param name = "label" select = "'序列号'" > </xsl:with
 - param >
          </xsl:call - template >
        </xsl:if >
        <xsl:if test = "descendant::csnref |descendant::refs" >
          <xsl:call - template name = "generalTblHeader" >
            <xsl:with - param name = "label" select = "'引用'" > </xsl:with -
param >
          </xsl:call - template >
        </xsl:if >
        <xsl:if test = "descendant::qty" >
          <xsl:call - template name = "generalTblHeader" >
            <xsl:with - param name = "label" select = "'数量'" > </xsl:with -
param >
          </xsl:call - template >
        </xsl:if >
      </tr >
      <xsl:apply - templates/>
    </table >
    <br/>
</xsl:template >
</xsl:stylesheet >
```

4. 零部件信息数据模块样式单

```
<? xml version = "1.0" ? >
<xsl:stylesheet version = "1.0" xmlns:xsl = "http://www.w3.org/1999/
XSL/Transform" >
<xsl:template match = "ipc |IPC" >
<table cellspacing = "0" cellpadding = "6" width = "100% " style ='border
 - top:solid black .75pt;
```

```
        left: none; border - bottom: solid black .75pt; border - right:
none;'>
          <xsl:attribute name = "id"> <xsl:value - of select = "../@ id"/
> </xsl:attribute>
      <tr>
      <td valign = "top" style = 'border - top:none;border - left:none;bor-
der - bottom:solid black 0.75pt;right:none;'>
        零件分类号
      </td>
      <td valign = "top" style = 'border - top:none;border - left:none;bor-
der - bottom:solid black 0.75pt;right:none;'>
        零件条目
        </td>
      <td valign = "top" style = 'border - top:none;border - left:none;bor-
der - bottom:solid black 0.75pt;right:none;'>
        是否为常用备件
        </td>
      <td valign = "top" style = 'border - top:none;border - left:none;bor-
der - bottom:solid black 0.75pt;right:none;'>
        数量
        </td>
       <td valign = "top" style = 'border - top: none; border - left: none;
border - bottom:solid black 0.75pt;right:none;'>
        厂商
        </td>
      <td valign = "top" style = 'border - top:none;border - left:none;bor-
der - bottom:solid black 0.75pt;right:none;'>
        零件号
        </td>
        <td valign = "top" width = "100px" style = "border - top:none;bor-
der - left:none;border - bottom:solid black 0.75pt;   right:none;">
        零件标识
        </td>
              <xsl:if test = "csn/isn/nsn">
       <td style = 'border - top: none; border - left: none; border - bottom:
solid black 0.75pt;
            border - right:none;'>
```

```
            Nato stock no
           </td>
              </xsl:if>
        <td valign="top" style='border-top:none;border-left:none;
border-bottom:solid black 0.75pt;right:none;'>
          零件装配位置
         </td>
              <xsl:if test="csn/isn/ccs">
      <td valign="top" style='border-top:none;border-left:none;bor-
der-bottom:solid black 0.75pt; border-right:none;'>
            Applicability
           </td>
              </xsl:if>
              <xsl:if test="csn/isn/ctl">
   <td valign="top" style='border-top:none;border-left:none;border
-bottom:solid black 0.75pt; border-right:none;'>
            Container
           </td>
              </xsl:if>
     <td valign="top" style='border-top:none;border-left:none;bor-
der-bottom:solid black 0.75pt;right:none;'>
          单元位置码
         </td>
              <xsl:if test="csn/isn/rdf">
      <td valign="top" style='border-top:none;border-left:none;bor-
der-bottom:solid black 0.75pt; border-right:none;'>
            Ref.designator
           </td>
              </xsl:if>
              <xsl:if test="csn/isn/ils">
     <td valign="top" style='border-top:none;border-left:none;bor-
der-bottom:solid black 0.75pt; border-right:none;'>
            Integrated logistic
           </td>
              </xsl:if>
              <xsl:if test="csn/isn/can">
  <td valign="top" style='border-top:none;border-left:none;border
```

```
-bottom:solid black 0.75pt; border-right:none;'>
            Change authority
          </td>
              </xsl:if>
      </tr>
      <xsl:apply-templates />
    </table>
  </xsl:template>

  <xsl:template match="rfs">
    <td valign="top" style='border-left:none;border-bottom:none;'>
        <nobr><xsl:value-of select="@ value"/></nobr>
      </td>
    <xsl:apply-templates />
  </xsl:template>

  <xsl:template match="csn">
    <xsl:for-each select="isn">
      <tr>
        <td valign="top" style='border-left:none;border-bottom:
none;'>
          <xsl:if test="position()=1">
            <nobr>
            <xsl:value-of select="parent::csn/@ csn"/>
            </nobr></xsl:if>
        </td>
        <td valign="top" style='border-top:none;
          left:none;border-bottom:none;border-right:none;'>
            <nobr><xsl:value-of select="@ isn"/></nobr>
        </td>
        <xsl:apply-templates />
      </tr>
    </xsl:for-each>
  </xsl:template>

  <xsl:template match="qna|isn/mfc|isn/pnr|cbs|ces">
       <td valign="top" style='border-top:none;
```

```
        left:none;border-bottom:none;border-right:none;'>
          <nobr><xsl:apply-templates/></nobr>
      </td>
  </xsl:template>

  <xsl:template match="pas">
      <td valign="top" style='border-top:none;
        left:none;border-bottom:none;border-right:none;'>
        : <xsl:value-of select="dfp"/><br/>
             Unit of issue: <xsl:value-of select="uoi"/><br/>
             Special storage: <xsl:value-of select="str"/>
      </td>
  </xsl:template>

</xsl:stylesheet>
```

5. 乘员信息数据模块样式单

```
<?xml version="1.0" encoding="utf-8"? >
<xsl:stylesheet version="1.0" xmlns:xsl="http://www.w3.org/1999/
XSL/Transform">
<xsl:template match="acrw">
   <h4>
     <xsl:value-of select="'乘员训练'"/>
   </h4>
   <!--<table class="indentStep" cellpadding="0" cellspacing="0"
border="0" width="100%">-->
   <xsl:apply-templates/>
   <!--</table>-->
</xsl:template>
<xsl:template match="frc">
   <table class="indentStep" cellpadding="0" cellspacing="0" border
="0">
     <xsl:apply-templates/>
   </table>
</xsl:template>
<xsl:template match ="descacrw">
   <h4  class="para0">
  使用
```

```
  </h4>
  <xsl:apply-templates/>
</xsl:template>
<xsl:template match="frc/title">
  <th colspan="2">
    <h4  class="para0">
      <xsl:apply-templates/>
    </h4>
  </th>
</xsl:template>
<xsl:template match ="frc/para">
  <tr>
    <td colspan="2">
      <p>
        <xsl:apply-templates />
      </p>
    </td>
  </tr>

</xsl:template>
<xsl:template match ="drill">
  <xsl:apply-templates />
</xsl:template>

<xsl:template match="drill/title">
  <tr>
    <td colspan="2">
      <h5>
        <xsl:apply-templates/>
      </h5>
    </td>
  </tr>
</xsl:template>
<xsl:template match ="drill/para">
  <tr>
    <td colspan="2">
      <p>
```

```
        <xsl:apply-templates />
      </p>
    </td>
  </tr>
</xsl:template>
<xsl:template match="subdrill/title">
  <tr>
    <td colspan="2">
      <i>
        <xsl:apply-templates/>
      </i>
    </td>
  </tr>
</xsl:template>

<xsl:template match="drill/step/challrsp|drill/if/step/challrsp">
  <tr>
    <xsl:apply-templates/>
  </tr>
</xsl:template>
<xsl:template match ="step/warning">
  <tr>
    <td colspan="2" align="center">
      <table width="600" border="0" cellspacing="0" cols="3">
        <xsl:attribute name="class">warning</xsl:attribute>
        <tr>
          <td height="8"/>
          <td/>
          <td height="8"/>
        </tr>
        <tr>
          <td width="8"/>
          <td>
            <table width="582" border="0" cellspacing="4" cellpad-
ding="2">
              <tr>
                <td align="center" bgcolor="#000000">
```

```
                <table width = "570" border = "0" cellpadding = "4" cell-
spacing = "0" >
                  <tr >
                    <td align = "center" bgcolor = "#ffffff" >
                      <br/>
                      <strong >
                        <h4 class = "attentionHead" >
                          <xsl:value - of select = "'危险'" />
                        </h4 >
                      </strong >
                      <strong >
                        <xsl:apply - templates/>
                      </strong >
                      <br/>
                    </td >
                  </tr >
                </table >
              </td >
            </tr >
          </table >
        </td >
        <td width = "8" />
      </tr >
      <tr >
        <td height = "8" />
      </tr >
    </table >
  </td >
</tr >
</xsl:template >

<xsl:template match = "challeng/para" >
  <td class = "tdCrew" >
    <xsl:number level = "multiple" format = "1" count = "step" />   &
#160;
    <xsl:apply - templates/>
  </td >
```

```
</xsl:template>

<xsl:template match="procd/para">
  <td colspan="2" class="tdCrew">
    <xsl:number level="multiple" format="1" count="step"/> &
#160;
    <xsl:apply-templates/>
  </td>
</xsl:template>

<xsl:template match="condit">
  <tr>
    <td colspan="2" class="bold">
      <xsl:if test="parent::if">
        <i>如果:</i> 
      </xsl:if>
      <xsl:if test="parent::elseif">
        <i>否则,如果:</i> 
      </xsl:if>
      <xsl:apply-templates/>
    </td>
  </tr>
</xsl:template>

<xsl:template match="response/para|response/table">
  <td class="intendentPadding">
     <xsl:apply-templates/>
  </td>
</xsl:template>
</xsl:stylesheet>
```

参考文献

[1] 徐宗昌,雷育生. 装备 IETM 研制工程总论[M]. 北京:国防工业出版社,2012.

[2] GB/T 24463. X - 2009 交互式电子技术手册[S],2009.

[3] 百度百科. XML,2011.02.

[4] 刘铭. XML 相关技术研究[D]. 电子科技大学,2011.06.

[5] Moro M, Vagena Z, Tsotras V. XML structural summaries [C]. Proceedings of the VLDBEndowment, Auckland, New Zealand. 2008, 1(2): 1524 - 1525.

[6] 李勇, 王洪. 标准通用置标语言 SGML 简介[J]. 航空标准与质量,2005,04(08).

[7] 王汉元. 置标语言以及 SGML_HTML 和 XML 的关系[J]. 情报杂志,2005,(3).

[8] 孔梦荣,韩玉民. XML 基础教程. 北京:清华大学出版社、北京交通大学出版社,2008.

[9] 华铨平,张玉宝. XML 语言及应用. 北京:清华大学出版社、北京交通大学出版社,2005.

[10] 孙一中。XML 理论和应用基础. 北京:北京邮电大学出版社,2000.

[11] 哈诺尔德・明斯. XML 技术手册[M]. 孔小玲,商艳莉,等译. 北京:中国电力出版社,2001.

[12] 陈赫贝,王念桥. XML Schema 与 DTD 的比较及应用[J]. 微机发展,2006.(1).

[13] XML Schema 1.1 Part 1: Structures, W3C Working Draft 31 August 2006. http:// www. w3. org/ TR/ xmlschema11 - 1/ . 2006.

[14] XML Schema 1.1 Part 2: Datatypes, W3C Working Draft 17 February 2006. http:// www. w3. org/ TR/ xmlschema11 - 2/ . 2006.

[15] (美)Goldfarb H. F. XML 手册(第四版)[M]. 张晓辉, 王艳斌,等译. 北京:电子工业出版社,2003.

[16] 徐宗昌. 关于 CALS 战略的研究及对在我国推行 CALS 战略的有关问题探讨[R]. 中国国防科学技术报告,1997.

[17] ASD/ ATA S1000D, International Specification for Technical Publications Utilizing a Common Source Data Base 2.3 version[S]. 2007.02.

[18] ASD/ ATA S1000D, International Specification for Technical Publications Utilizing a Common Source Data Base 3.0 version[S]. 2007.07.

[19] ASD/ AIA/ ATA International Specification for Technical Publication utilizing a Common Source Data Base 4.0[S]. 2008.08.

[20] DoD. MIL - HDBK - 511. DOD handbook for interoperability of interactive electronic technical manuals (IETMs) [S]. 2000.05.

[21] DoD. MIL - PRF - 87268A. Interactive Electronic Technical Manuals, General Content, Style, Format, and User Interaction Requirements [S]. 1995.10.

[22] DoD. MIL - PRF - 87269A. Data Base, Revisable - Interactive Electronic Technical Manuals, for the support of[S]. 1995.10.

[23] DoD. MIL - DTL - 87268C. Interactive Electronic Technical Manuals, General Content, Style, Format,

and User Interaction Requirements [S]. 2007.01.

[24] DoD. MIL－DTL－87269C. Data Base, Revisable－ Interactive Electronic Technical Manuals, for the support of[S]. 2007.01.

[25] DoD MIL－STD－40051－1. PREPARATION OF DIGITAL TECHNICAL INFORMATION FOR INTERACTIVE ELECTRONIC TECHNICAL MANUALS(IETMs) [S]., 2008.03.

[26] DoD. MIL－STD－2361C. INTERFACE STANDARD [S], 2003.03.

[27] MIL－HDBK－59B Continuous Acquisition and Life－cycle(CALS) Support Implementation Guide.

[28] DoD Program Manager's Desktop Guide For Continuous Acquisition and Life－ cycle(CALS) Support Implementation Guide.

[29] 王晓静. 装甲装备 IETP 创作与工程化实施技术研究[D]. 装甲兵工程学院,2009,10.

[30] 张耀辉. 装备 IETM 研制流程及关键问题研究[D]. 装甲兵工程学院硕士学位论文,2010.12.

[31] Thomas Malloy Paul Haslam, S1000D overview[R]. The 2006 S1000D User Forum and ADL－SCORM event. Clearwater, Florida, 2006.

[32] S1000D Issue 2.3 Changes and new features[R]. The 2006 S1000D User Forum and ADL－SCORM event. Clearwater, Florida, 2006.05.

[33] 胡梁勇. 基于 S1000D 的 IETM 数据模块组织与发布研究[D]. 装甲兵工程学院,2008,12.

[34] 张卫国. IETM 通用要求研究[D]. 装甲兵工程学院,2006,03.

[35] 杜勇智. XML 数据库技术在 IETM 中的应用研究[D]. 装甲兵工程学院,2006,03.

[36] 吴洁. XML 应用教程(2 版) [M]. 北京:清华大学出版社,2007.

[37] 丁跃潮,张涛. XML 实用教程[M]. 北京:北京大学出版社,2006.

[38] 总装备部. GJB 6600.1—2008 装备交互式电子技术手册 第 1 部分:总则. 2008.12.01.

[39] 总装备部. GJB 6600.2—2009 装备交互式电子技术手册 第 2 部分:数据模块编码和信息控制编码. 2009－12－22.

[40] 总装备部. GJB 6600.3—2009 装备交互式电子技术手册 第 3 部分:模式. 2009.12－22.

[41] 总装备部. GJB 6600.4—2009 装备交互式电子技术手册 第 4 部分:数据字典. 2009－12－22.

[42] 中国国家标准化管理委员会. GB/T 24463.1—2009 交互式电子技术手册第 1 部分:互操作性体系结构. 2009.

[43] 中国国家标准化管理委员会. GB/T 24463.2—2009 交互式电子技术手册第 2 部分:用户界面与功能要求. 2009.

[44] 中国国家标准化管理委员会. GB/T 24463.2—2009 交互式电子技术手册第 3 部分:公共源数据库要求. 2009.

[45] 王占中. XML 技术教程[M]. 成都:西南财经大学出版社,2011.